AF452016

TRAITÉ ÉLÉMENTAIRE

DE

GÉOMÉTRIE DESCRIPTIVE

—

TEXTE

5978. — PARIS, IMPRIMERIE A. LAHURE
9, rue de Fleurus, 9.

TRAITÉ ÉLÉMENTAIRE

DE

GÉOMÉTRIE DESCRIPTIVE

PAR J. KIÆS

Ancien élève de l'École polytechnique
Ancien professeur de mathématiques aux Écoles de l'artillerie et du génie
Ancien chef des travaux graphiques à l'École polytechnique
Ancien maître de conférences à l'École normale supérieure
Ancien professeur de géométrie descriptive aux lycées Louis-le-Grand
Saint-Louis, Henri IV, etc., etc.

PREMIÈRE PARTIE

À L'USAGE DES CLASSES DE MATHÉMATIQUES ÉLÉMENTAIRES
ET DES CANDIDATS AU BACCALAURÉAT ÈS SCIENCES

SEPTIÈME ÉDITION

TEXTE

PARIS

LIBRAIRIE HACHETTE ET CIE

79, BOULEVARD SAINT-GERMAIN, 79

1882

AVANT-PROPOS

———

Le succès rapide et inespéré des deux premières éditions de cet ouvrage prouve que les méthodes qu'il expose ont été généralement appréciées ; cependant je dois répondre à une objection qui m'a été faite plusieurs fois :

« Il est vrai, me dit-on, que vos méthodes conduisent rapidement à des constructions simples, mais n'est-il pas à craindre que des difficultés plus grandes ne rendent cette science plus difficilement abordable ? » — Je crois que c'est le contraire qui a lieu. Les procédés que j'indique sont des conséquences immédiates et naturelles des méthodes générales, qui sont peu nombreuses, et par conséquent ne sont pas un lourd fardeau pour l'élève ; tandis que pour lui, autrefois, chaque question offrait un procédé particulier dont il fallait charger sa mémoire.

D'un autre côté, l'ancienne manière d'étudier la géométrie descriptive produisait ce résultat que l'élève, très-habile à résoudre un problème lorsqu'il était libre de

a

choisir ses données, était fort embarrassé lorsque ces données avaient une position quelque peu particulière, tandis
qu'avec cette méthode j'ai eu la satisfaction de voir un
grand nombre d'élèves arriver rapidement à résoudre
simplement et avec élégance toutes sortes de problèmes
sans être arrêtés par la disposition des données.

Deux exemples feront bien voir la différence des deux
méthodes :

1° Autrefois un plan était toujours figuré par ses traces
sur deux plans de projection, et, quand on avait à considérer un plan dans la résolution d'un problème, quelles
que fussent les données, on construisait les traces du plan.
Quand il arrivait que les traces étaient situées hors des
limites de l'épure, on était arrêté et obligé de changer les
données. Aujourd'hui on opère sur les plans, quelle que
soit la manière dont ils sont donnés, et le plus souvent on
arrive au résultat avec moins de constructions que n'en
exige la détermination des traces.

2° Dans la méthode des rabattements, on effectuait toujours le rabattement sur le plan horizontal de projection,
ce qui souvent rendait les constructions pénibles ou im-
praticables. Aujourd'hui le rabattement s'effectue avec la
même facilité sur un plan horizontal quelconque, ce qui
rend les constructions toujours possibles et permet souvent de grandes simplifications   la première méthode n'est
donc qu'une application de la seconde dans un cas particulier.

J'ajouterai quelques mots pour prévenir un reproche
que je ne veux pas encourir. Cet ouvrage, en dehors des
méthodes générales, contient, surtout dans la seconde

partie, un grand nombre de procédés simples et peu connus. Je n'ai pas la prétention d'être l'auteur de tous ; je les ai recueillis de côté et d'autre, en ignorant souvent l'origine ; en citant les auteurs présumés je m'exposerais à des réclamations, car des choses d'une telle simplicité sont certainement venues à l'esprit de plusieurs. Ma seule prétention en les réunissant est de simplifier beaucoup l'étude d'une science qui autrefois était pour les élèves un sujet d'effroi et qu'ils n'arrivaient généralement à posséder que fort imparfaitement.

TRAITÉ ÉLÉMENTAIRE

DE

GÉOMÉTRIE DESCRIPTIVE

PREMIÈRE PARTIE

DU POINT, DE LA LIGNE DROITE, DU PLAN. — PROBLÈMES SUR LA SPHÈRE,
ANGLES TRIÈDRES.
EXERCICES SUR LA LIGNE DROITE, LE PLAN ET LA SPHÈRE.

PREMIÈRE LEÇON

NOTIONS PRÉLIMINAIRES

DÉFINITIONS.

1. *La projection* d'un point A (fig. 1) sur un plan MN est le pied *a* de la perpendiculaire A*a* menée du point sur le plan. La perpendiculaire A*a* est la *projetante* du point A par rapport au plan MN.

Un plan MN sur lequel on projette différents points d'une figure de l'espace, est un *plan de projection*.

2. *La projection* d'une ligne ACB (fig. 2) sur un plan MN est le lieu *acb* des projections de tous les points de cette ligne sur le plan.

REMARQUE. Les projetantes A*a*, C*c*, B*b*, perpendiculaires à un même plan MN, sont parallèles entre elles ; elles forment un cylindre qu'on appelle le *cylindre projetant* de ACB.

Quand la ligne que l'on projette est une droite AB (fig. 3), les projetantes A*a*, B*b* sont dans un même plan, qu'on appelle *plan projetant* de la droite.

THÉORÈME.

3. *La projection* ab *d'une droite* AB (fig. 3) *sur un plan* MN *est une droite.*

Car *ab* est l'intersection du plan MN et du plan projetant de la droite.

REMARQUE. Cette projection se réduit à un point, quand la droite AB est perpendiculaire au plan MN.

4. OBSERVATIONS SUR LES PROJECTIONS DES LIGNES SITUÉES DANS UN PLAN PARALLÈLE A UN PLAN DE PROJECTION.

I. *La projection* ab *d'une droite* AB (fig. 4) *sur un plan* MN *parallèle à* AB *est parallèle à cette droite.*

Car *ab* est l'intersection du plan MN et d'un plan mené par une droite AB qui lui est parallèle.

II. *Toute droite finie* AB (fig. 4) *parallèle à un plan* MN *se projette sur ce plan en vraie grandeur.*

En effet, les projetantes A*a* et B*b* des extrémités A et B sont parallèles : donc *ab* et AB sont égales comme parallèles comprises entre parallèles.

III. *Un angle* ABC (fig. 5) *parallèle à un plan* MN *se projette sur ce plan en vraie grandeur.*

Car l'angle ABC et sa projection *abc* ont leurs côtés parallèles et dirigés dans le même sens.

IV. *Un polygone quelconque* ABCDE (fig. 6) *parallèle à un plan* MN *se projette sur ce plan en vraie grandeur.*

Car le polygone ABCDE et sa projection *abcde* ont leurs côtés et leurs angles respectivement égaux et situés dans le même ordre; ils peuvent donc coïncider.

V. Le principe précédent est indépendant de la grandeur et du nombre des côtés du polygone ABCDE, il est donc encore vrai quand chaque côté devient infiniment petit, c'est-à-dire lorsque le polygone ABCDE devient une ligne courbe.

On peut donc dire en général que :

VI. *Toute courbe plane* A (fig. 7) *se projette en vraie grandeur* a *sur un plan qui lui est parallèle.*

5. OBSERVATION SUR LES PROJECTIONS DES LIGNES SITUÉES DANS UN PLAN PERPENDICULAIRE A UN PLAN DE PROJECTION.

Toute ligne située dans un plan perpendiculaire à un plan de projection a pour projection sur ce plan l'intersection des deux plans, c'est-à-dire une ligne droite.

BUT DE LA GÉOMÉTRIE DESCRIPTIVE.

6. La *Géométrie descriptive* a pour but : 1° la représentation exacte des figures de l'espace au moyen de dessins tracés sur un seul plan ; 2° la résolution complète des problèmes relatifs à ces figures.

Un exemple fera comprendre la différence qui existe entre la géométrie pure et la géométrie descriptive :

Supposons que l'on demande d'inscrire une sphère dans un tétraèdre. La géométrie pure indique que le centre de cette sphère est le point commun aux plans bissecteurs des angles dièdres du tétraèdre, que le rayon de cette sphère est la perpendiculaire abaissée du centre sur une des faces du solide ; mais elle ne donne aucun procédé pour construire ces résultats. La géométrie descriptive donne les moyens de représenter le tétraèdre avec ses dimensions réelles, d'exécuter les constructions indiquées par la géométrie pour déterminer la position du centre, la grandeur du rayon et de figurer la sphère en grandeur et en position.

MÉTHODE DES PROJECTIONS.

7. Pour remplir le double but de la géométrie descriptive on peut employer différentes méthodes ; celle que nous allons exposer est la *méthode des projections*. Voi i en quoi elle consiste :

On projette les figures de l'espace sur deux plans de projection, généralement perpendiculaires entre eux. On fait tourner (on *rabat*) l'un d'eux autour de l'intersection de manière qu'il coïncide avec l'autre ; on a ainsi les deux projections sur un même plan ; on effectue sur cette figure plane les constructions que comportent les solutions des problèmes proposés ; on remet le plan mobile dans sa position première ; les résultats ainsi représentés permettent de connaître les résultats dans l'espace en vraie grandeur et en position.

L'application de la méthode présente donc trois questions principales :

1° Projeter des figures de l'espace ;

2° Exécuter en géométrie plane les constructions indiquées par le raisonnement pour la résolution des problèmes ;

3° Rétablir dans l'espace au moyen de leurs projections
les figures obtenues comme résultats.

La première et la troisième sont soumises à des règles
fixes que nous allons exposer ; la deuxième présente des
variétés en nombre infini comme les problèmes que l'on
peut se proposer de résoudre.

DÉTERMINATION D'UN POINT.

8. Un point A de l'espace (fig. 8) n'est pas déterminé
par sa projection a sur un seul plan xyM de projection,
car a est la projection de tous les points de la projetante Aa ;
mais si l'on donne de plus la projection a'' de A sur un second plan de projection xyN non parallèle au premier, le
point A, devant se trouver à la fois sur les deux projec-
tantes différentes Aa et Aa'', est déterminé par leur intersection.

Les deux plans de projection xyM, xyN sont généralement perpendiculaires entre eux ; nous supposerons le
premier horizontal, et par suite l'autre vertical ; on les
appelle *plan horizontal, plan vertical* de projection. Leur
intersection xy est nommée *ligne de terre*.

Nous supposerons dans nos explications que c'est le
plan vertical qui tourne autour de xy pour s'appliquer sur
le plan horizontal. Dans ce mouvement la partie supérieure du plan vertical viendra se rabattre sur la partie
postérieure du plan horizontal, et par suite la partie infé-

rieure du plan vertical coïncidera avec la partie antérieure du plan horizontal.

THÉORÈME.

9. *Après le rabattement du plan vertical de projection, la droite aa' (fig. 8), qui joint les deux projections d'un point* A, *est perpendiculaire à la ligne de terre.*

Par les projetantes Aa et Aa'' concevons un plan; ce plan coupe la ligne de terre en p, le plan horizontal suivant pa, le plan vertical suivant pa''; mené suivant les projetantes Aa et Aa'', il est perpendiculaire aux deux plans de projection et par suite à leur intersection xy; donc réciproquement xy est perpendiculaire au plan des projetantes et par suite à pa et pa'', qui passent par son pied dans ce plan. Or dans le rabattement du plan vertical, pa'' reste perpendiculaire à xy; donc pa et pa' sont perpendiculaires à la ligne de terre au même point.

REMARQUE. Cette démonstration est indépendante de l'angle des deux plans de projection.

10. D'après ce principe, après le rabattement du plan vertical, un point A de l'espace sera représenté sur le plan horizontal de projection par ses projections a, a' situées sur une perpendiculaire à xy, comme l'indique la figure 9.

THÉORÈME.

11. *Si les plans de projection sont perpendiculaires entre eux (fig. 8), la distance d'un point de l'espace à l'un d'eux est égale a la distance de sa projection sur l'autre à la ligne de terre.*

Le quadrilatère A*apa''* est un rectangle, car A*a*, perpendiculaire au plan horizontal, est perpendiculaire à *ap*, qui passe par son pied dans ce plan ; de même A*a''* est perpendiculaire à *a''p*, et *apa''*, qui mesure l'angle dièdre des plans de projection, est un angle droit ; on a donc : A*a''*=*ap* et A*a*=*a''p*=*a'p*. c. q. f. d.

Cette considération permet de concevoir facilement la position d'un point de l'espace d'après ses projections ; ainsi le point représenté (fig. 9) par ses deux projections *a*, *a'* se trouve sur la verticale menée par *a* à une hauteur égale à *a'p* au-dessus du plan horizontal de projection. Il est de même sur la perpendiculaire au plan vertical menée par *a'* à une distance de ce plan égale à *ap*=A*a''*.

12. Corollaire I. Quand on transporte l'un des plans de projection parallèlement à lui-même, le plan horizontal par exemple, les distances des projections verticales de tous les points d'une figure à la ligne de terre sont augmentées ou diminuées de la même quantité ; il en est de même pour les distances horizontales si, le plan horizontal restant fixe, on déplace le plan vertical parallèlement à lui-même ; donc :

Lorsqu'une figure de l'espace est déterminée par ses projections sur deux plans perpendiculaires entre eux, si l'on déplace la ligne de terre parallèlement à elle-même, on obtient le même résultat que si l'on transporte la figure parallèlement à elle-même dans une direction perpendiculaire à un des plans de projection, et par suite les projections après le déplacement de la ligne de terre déterminent la même figure de l'espace. La position de la ligne de terre est donc arbitraire, si l'on n'a égard qu'à la forme des figures de l'espace.

13. Corollaire II. Ce même théorème permet, lorsqu'on connaît les projections a, a' d'un point sur deux plans perpendiculaires entre eux, de déterminer sa projection sur un plan quelconque perpendiculaire à l'un des deux premiers.

Soit en effet (fig. 10) un nouveau plan vertical mené suivant $x_1 y_1$ et rabattu sur le plan horizontal, la projection de $a \cdot a'$ sur ce plan sera en a'' sur la perpendiculaire aq menée de a sur $x_1 y_1$ et à une distance $a'' q$ de $x_1 y_1$ égale à pa' qui indique la hauteur du point $a \cdot a'$ au-dessus du plan horizontal de projection.

De même, si l'on veut avoir la projection de ce point sur un plan mené suivant $x_2 y_2$ perpendiculairement au plan vertical et rabattu sur ce plan, on mènera par a' $a'r$ perpendiculaire à $x_2 y_2$ et l'on prendra sur cette ligne ra''' égale à pa, distance du point de l'espace au premier plan vertical de projection.

EXAMEN DES DIFFÉRENTES POSITIONS QU'UN POINT PEUT OCCUPER DANS L'ESPACE PAR RAPPORT AUX DEUX PLANS DE PROJECTION.

14. Pour simplifier le langage, nous désignerons par les chiffres 1, 2, 3 et 4 les quatre angles dièdres formés par les plans de projection, comme l'indique la figure 11.

L'angle 1 est celui qu'on appelle communément angle *antérieur supérieur* ; l'angle 2, angle *postérieur supérieur* ; l'angle 3, angle *postérieur inférieur*, et l'angle 4, angle *antérieur inférieur*.

1° Nous avons vu ce que deviennent après le rabattement les projections a, a'' d'un point A situé dans l'angle 1 (9).

2° Soit un point B situé dans l'angle 2; sa projection verticale b'' est placée après le rabattement en b' du même côté que la projection horizontale b derrière la ligne de terre.

3° Soit un point C situé dans l'angle 3; après le rabattement, ses projections c et c' sont situées de côtés différents de la ligne de terre; la projection horizontale c en arrière et la projection verticale c' en avant.

4° Soit un point D situé dans l'angle 4; après le rabattement ses projections d et d' sont situées d'un même côté de la ligne de terre en avant de cette ligne.

REMARQUE I. Tout point situé dans l'un des plans de projection est à lui-même sa projection sur ce plan, et sa projection sur l'autre est située sur la ligne de terre.

REMARQUE II. Tout point situé sur la ligne de terre est à lui-même sa projection verticale et sa projection horizontale.

15. On voit que dans tous les cas la distance à la ligne de terre de la projection d'un point de l'espace sur l'un des plans de projection indique la distance du point à l'autre plan, et sa position le sens dans lequel il faut porter cette distance.

Comme les deux projections d'un point peuvent être situées indifféremment des deux côtés de la ligne de terre, on convient de les distinguer l'une de l'autre en donnant un accent à la projection verticale.

16. La figure 12 indique sur le plan horizontal les projections $a.a'$, $b.b'$, $c.c,'$ $d.d'$ des quatre points A,B,C,D

considérés dans l'espace sur la figure 11, et situés dans les quatre angles dièdres formés par les plans de projection [1].

17. REMARQUE. Tout point d'un plan bissecteur d'un angle dièdre étant à égales distances des deux faces, il résulte de ce qui précède que tout point du plan bissecteur des angles dièdres 1 et 3 a ses projections à égales distances de la ligne de terre, et que tout point du plan bissecteur des angles dièdres 2 et 4 a ses projections qui sont confondues après le rabattement, en un point situé en avant ou en arrière de la ligne de terre, suivant que le point de l'espace est dans l'angle 4 ou dans l'angle 2.

DÉTERMINATION D'UNE DROITE.

18. Une droite AB de l'espace (fig. 13) n'est pas déterminée par sa projection ab sur un seul plan xyM de projection, car ab est la projection sur ce plan de toute ligne droite ou courbe tracée dans le plan projetant de AB, mais si l'on donne de plus la projection $a''b''$ de AB sur un second plan xyN non parallèle au premier, la droite AB devant se trouver à la fois dans les deux plans projetants menés par ab et $a''b''$ sera généralement déterminée par leur intersection.

19. La droite n'est pas déterminée, quand les deux plans projetants dont elle est l'intersection se confondent : comme chacun de ces plans est mené perpendiculairement

---

Les élèves qui commencent l'étude de la géométrie descriptive devront revenir souvent sur ce double exercice : 1° construire les projections d'un point donné ; 2° déterminer la position d'un point d'après ses projections, en faisant varier la position du point dans l'espace et les projections par rapport à la ligne de terre.

à l'un des plans de projection, la droite est dans ce cas située dans un plan perpendiculaire à la ligne de terre : pour la déterminer on donne les projections de deux de ses points ou bien sa projection sur un troisième plan.

20. On peut généralement prendre à volonté deux droites quelconques sur les deux plans de projection comme projections d'une droite de l'espace, car les plans projetants menés suivant ces droites se coupent en général. Il n'y a d'exception que dans le cas où ces plans sont parallèles; comme l'un d'eux est perpendiculaire au plan horizontal et l'autre au plan vertical, ils sont tous deux perpendiculaires à la ligne de terre. *Deux droites prises à volonté sur les deux plans de projection peuvent donc être considérées comme les projections d'une droite de l'espace, quand elles ne sont pas perpendiculaires à la ligne de terre en des points différents.*

Quand elles sont perpendiculaires à la ligne de terre en un même point, les plans projetants se confondent, et alors elles sont les projections de toute ligne située dans le seul plan projetant qu'elles déterminent.

THÉORÈME.

21. *Deux droites parallèles* AB *et* CD *(fig. 14) ont leurs projections* ab *et* cd *sur un même plan* MN *parallèles.*

Soient A un point de AB et C un point de CD, leurs projetantes Aa, Cc sur MN sont parallèles, les droites AB, CD sont parallèles par hypothèse ; les plans projetants BAa, DCc sont donc parallèles, et par suite leurs intersections ab, cd avec MN sont aussi parallèles. C. Q. F. D.

22. *Corollaire.* Toute droite parallèle à la ligne de terre a ses projections parallèles à cette ligne.

THÉORÈME.

23. *Si les projections* ab *et* cd, a′b″ *et* c″d″ (fig. 15) *de deux droites* AB *et* CD *sur deux plans de projection sont respectivement parallèles,* AB *et* CD *sont parallèles.*

En effet, AB est l'intersection des plans projetants menés suivant *ab* et *a″b″* ; CD est l'intersection des plans projetants menés suivant *cd* et *c″d″* respectivement parallèles aux deux premiers ; AB et CD sont donc parallèles.

THÉORÈME.

24. *Toute droite parallèle à l'un des plans de projection* (fig. 16) *se projette sur l'autre suivant une parallèle à la ligne de terre.*

Soit AB parallèle au plan vertical de projection, le plan BA*a* projetant de AB sur le plan horizontal, étant mené suivant AB et A*a* parallèles au plan vertical de projection, est parallèle à ce même plan ; donc *ab* et *xy* sont parallèles comme intersections de deux plans parallèles par un troisième.

On démontrerait de même que *toute droite horizontale* AB (fig. 17) *a sa projection verticale a″b″ parallèle à la ligne de terre.*

25. Le même principe s'applique par la même raison à toute courbe située dans un plan parallèle à l'un des plans de projection.

DEUXIÈME LEÇON

26. On représente le plus souvent un plan par les deux droites suivant lesquelles il coupe les plans de projection et qu'on appelle ses *traces*.

Ainsi le plan MNPQ représenté en perspective sur la figure 18, est représenté sur la figure 19, après le rabattement du plan vertical, par sa *trace horizontale* MN et sa *trace verticale* NP.

On voit que les deux traces d'un plan coupent la ligne de terre au même point N qui est le point où cette ligne perce le plan.

27. On sait qu'un plan est déterminé par trois points non situés en ligne droite, par un point et une droite, par deux droites qui se coupent ou par deux droites parallèles ; quand la position d'un plan est ainsi fixée, on peut se proposer d'en déterminer les traces ; mais nous ne regarderons pas cette détermination comme nécessaire soit pour figurer le plan , soit pour aider à la résolution des problèmes.

28. *Un plan est généralement déterminé par ses traces,*

car par deux droites qui se coupent on ne peut faire passer qu'un plan. Il n'y a d'exception que lorsque les deux traces se confondent; or l'une de ces traces est dans le plan horizontal de projection, l'autre dans le plan vertical; donc dans ce cas le plan passe par la ligne de terre; pour le déterminer on donne sa trace sur un troisième plan ou les projections d'un quelconque de ses points.

OBSERVATIONS SUR LES DIFFÉRENTES POSITIONS D'UN PLAN.

29. Un plan vertical $P\alpha P_1$ (fig. 20) a sa trace verticale αP_1 perpendiculaire à la ligne de terre, car cette trace est l'intersection de deux plans perpendiculaires au plan horizontal.

30. De même un plan $Q\beta Q_1$ (fig. 21) perpendiculaire au plan vertical a sa trace horizontale $Q\beta$ perpendiculaire à la ligne de terre.

31. Un plan $P\alpha P_1$ (fig. 22) perpendiculaire aux deux plans de projection a ses deux traces $P\alpha$, αP_1 perpendiculaires à la ligne de terre. Ce plan est souvent appelé *plan de profil*.

32. Un plan RR_1 (fig. 23) parallèle à la ligne de terre a ses deux traces R, R_1 parallèles à cette ligne, car si elles la rencontraient, la ligne de terre ne serait pas parallèle au plan.

33. Un plan horizontal PQ (fig. 24) n'a pas de trace horizontale; sa trace verticale $p'q'$ est parallèle à la ligne de terre.

34. De même un plan PQ (fig. 25), parallèle au plan

vertical de projection, n'a pas de trace verticale, sa trace horizontale *pq* est parallèle à la ligne de terre.

35. D'après le mode de représentation d'un plan perpendiculaire à l'un des plans de projection, il est facile de *déterminer les projections de l'intersection d'un pareil plan avec une ligne quelconque représentée par ses deux projections.*

Soient par exemple le plan vertical PαP$_1$ (fig. 27) et la courbe A. A′; tout point commun au plan et à la courbe a sa projection horizontale située à la fois sur la trace horizontale Pα du plan et sur la projection horizontale A de la courbe; soit *m* un point commun à ces deux lignes, le point de la courbe projeté horizontalement en *m*, verticalement en *m′*, est un point commun à la courbe et au plan.

On obtiendrait de même un point où la courbe percerait un plan perpendiculaire au plan vertical.

La solution de cette question très-simple est d'une très-grande utilité dans la pratique.

DÉTERMINATION DE LA VRAIE GRANDEUR D'UNE FIGURE
SITUÉE DANS UN PLAN VERTICAL.

36. De même qu'on a rabattu le plan vertical de projection autour de la ligne de terre pour l'appliquer sur le plan horizontal, on peut rabattre un plan vertical quelconque autour de sa trace horizontale et obtenir ainsi la vraie grandeur de toute figure située dans ce plan.

Soit le polygone *abcde. a′b′c′d′e′* (fig. 28) situé dans le plan vertical POP ; si l'on fait tourner le plan autour de PO pour l'appliquer sur le plan horizontal de projection, et si l'on désigne par A le point de l'espace dont a, a' sont les projections, la projetante verticale Aa de A prendra la position $A_1 a$ perpendiculaire à PO et conservera dans ce rabattement sa vraie grandeur Aa égale à $a'\alpha$, distance de sa projection verticale à la ligne de terre. On obtiendra de même les rabattements des autres sommets et l'on aura la vraie grandeur $A_1 B_1 C_1 D_1 E_1$ du polygone.

56 *bis.* Au lieu de rabattre le plan POP_1 autour de OP pour l'appliquer sur le plan horizontal, on peut le faire tourner autour de sa trace verticale OP_1 (fig. 29) pour l'appliquer sur le plan vertical ; dans ce mouvement autour de l'axe vertical OP_1 un sommet $a \cdot a'$ décrit un arc de cercle horizontal dont le centre est sur OP_1 et dont le rayon est projeté en vraie grandeur suivant aO sur le plan horizontal (4, VI) ; cet arc est projeté horizontalement suivant amA_1, verticalement suivant $a'A'$ (5) ; il rencontre le plan vertical de projection en A' ; on obtient de même les positions des sommets B', C', D', E' et l'on a la vraie grandeur $A'B'C'D'E'$ du polygone.

On peut effectuer des mouvements analogues quand la figure est située dans un plan perpendiculaire au plan vertical de projection.

CONVENTIONS RELATIVES A L'EXÉCUTION DES DESSINS
DE GÉOMÉTRIE DESCRIPTIVE.

57. Dans les dessins de géométrie descriptive ou *épures* on distingue deux sortes de lignes : 1° celles qui servent à représenter les données et les résultats ; 2° celles qui

indiquent les constructions ; les premières sont représentées par des traits pleins ou ponctués (points ronds ....),
selon qu'elles représentent des parties vues ou des parties
cachées ; les autres par des traits pleins au carmin ou du
pointillé noir (traits discontinus ----). Dans les lignes de
construction on ne distingue pas les parties vues des parties cachées.

Quelquefois, quand on ne représente qu'une partie d'un
solide dont l'autre est enlevée, afin de conserver la trace
du solide entier primitif, on représente par un trait mixte
(pointillé dans lequel deux traits consécutifs sont séparés
par un point —.—.—.—) les projections des lignes de la
partie enlevée.

Ce pointillé est aussi employé, mais rarement, pour représenter des lignes de construction d'une certaine im-
portance.

CONVENTIONS RELATIVES AUX PARTIES VUES
ET AUX PARTIES CACHÉES.

38. Pour les projections horizontales l'observateur est
supposé placé à une distance infinie au-dessus du plan
horizontal ; pour les projections verticales il est supposé
placé à une distance infinie en avant du plan vertical.
Dans chacune des deux hypothèses, les rayons visuels
sont parallèles aux projetantes sur le plan correspondant.

D'après cela, pour reconnaître les parties vues ou cachées sur la projection horizontale d'un polyèdre, on considère les plans verticaux projetants menés par les droites
qui forment le contour de la projection horizontale ; ces
plans forment un prisme droit indéfini dans l'intérieur

2

duquel se trouve le solide ; les arêtes qui sont projetées suivant les lignes de contour, partagent la surface du polyèdre en deux parties dont l'une est vue et l'autre cachée ; ces arêtes sont nécessairement vues ; quant à celles qui sont projetées dans l'intérieur, on examinera pour l'une d'elles la verticale menée par l'un de ses points qui ne soit pas sur le contour ; selon que la projetante dirigée du point vers l'observateur rencontrera ou non le solide, ce point sera caché ou vu ; il en sera de même de l'arête à laquelle il appartient et de toutes celles qui aboutissent à une extrémité de cette arête non projetée sur le contour.

Dans la plupart des cas on reconnaît *à priori* si cette projetante rencontre le polyèdre. Quelquefois on est obligé d'avoir recours à une construction que nous indiquerons plus loin (63).

On opère de même pour la projection verticale au moyen d'un prisme circonscrit au polyèdre et perpendiculaire au plan vertical de projection.

On convient encore que les plans de projection ne sont pas transparents et qu'un plan rabattu cache les projections qu'il recouvre après le rabattement : il n'y a donc que les figures situées dans l'angle dièdre antérieur supérieur dont les projections seront figurées comme vues.

Les plans représentés par leurs traces seront considérés comme transparents, à moins qu'on n'exprime le contraire.

PREMIER EXERCICE [1].

39. **1° *Construire les projections d'un prisme hexagonal régulier dont on donne une base* abcdef (fig. 30) *sur le plan horizontal de projection et la hauteur* h.**

2° *Projeter ce prisme sur un plan vertical quelconque.*

1° Le prisme se projette horizontalement suivant *abcdef*, puisque toutes ses faces latérales qui sont verticales se projettent suivant les côtés de ce polygone (5).

La base *abcdef* reposant sur le plan horizontal de projection se projette verticalement sur la ligne de terre (13, Rem. 1), une arête latérale menée par *a* se projette verticalement suivant *a′a″* perpendiculaire à la ligne de terre et égale à la hauteur donnée *h*, puisque cette arête est parallèle au plan vertical de projection. La base supérieure parallèle au plan horizontal est projetée verticalement suivant la parallèle à la ligne de terre (24) menée par la projection verticale *a″* de l'un de ses sommets. Les projections verticales *b″*, *c″*, *d″*, *e″*, *f″* des autres sommets se trouvent sur cette parallèle et sur les perpendiculaires à la ligne de terre menées par les projections horizontales correspondantes.

Distinction des parties vues et des parties cachées.

La projection horizontale du prisme se réduit a celle de sa base supérieure qui est vue ; cette projection sera donc dessinée en lignes pleines.

---

[1] Afin que le lecteur puisse se familiariser avec le mode de représentation que nous avons exposé et la lecture des projections, il est indispensable qu'il fasse de nombreux exercices de projections de solides. Nous en signalerons quelques-uns ; mais ces exercices pourront être modifiés à volonté, suivant les modèles que les élèves auront sous les yeux.

Sur le plan vertical, pour reconnaître si une arête projetée en $b'b''$ dans l'intérieur du contour de la projection est vue ou cachée, on remarquera que les projetantes de tous ses points traversent le solide pour arriver à l'observateur, puisque ces projetantes ont pour projection horizontale commune $b'b$ et que l'observateur est supposé placé à l'infini en avant du plan vertical. On verra de même que l'arête projetée en $c'c''$ est cachée et que celles qui sont projetées en $e'e''$ et $f'f''$ sont vues.

On obtient de la même manière la projection du solide sur un autre plan vertical quelconque mené suivant x_1y_1. Dans le cas de la figure, x_1y_1 a été pris perpendiculaire aux deux côtés parallèles ab et de et par suite à la diagonale cf de la base ; dans ce cas, les projections des arêtes vues recouvrent les projections des arêtes cachées.

DEUXIÈME EXERCICE.

40. *Construire les projections d'un cube sur plusieurs plans de projection* (fig. 31).

Soit *abcd* le carré, base inférieure du cube, placé sur le plan horizontal de projection. On obtiendra facilement, comme dans le cas précédent, la projection verticale $a'b'c'd'\,a''b''c''d''$ du cube sur un premier plan vertical mené suivant xy, puis sa projection $a'_1b'_1c'_1d'_1\,a''_1b''_1c''_1d''_1$ sur un second plan vertical mené suivant x_1y_1 perpendiculairement à la diagonale ac de la base.

Soit proposé encore de projeter le solide sur un plan mené suivant x_2y_2 perpendiculairement au premier plan vertical ; on obtiendra sur ce plan la projection d'un point $a''.a$ en menant par a'' une perpendiculaire à la ligne de terre $x_2 y_2$ et prenant sur cette perpendiculaire à partir de $x_2 y_2$ une longueur égale à aa', qui mesure la distance du point considéré au premier plan vertical.

On obtient de même les projections des autres sommets.

Pour distinguer les parties vues et les parties cachées, on supposera l'observateur placé à une distance infinie du nouveau plan de projection et du même côté que le cube ; on considérera le sommet projeté en a'' dans l'intérieur du contour et le plus rapproché du nouveau plan de projection ; la projetante qui part de ce sommet doit traverser le cube pour arriver à l'observateur ; ce point est donc caché, et par suite il en est de même des trois arêtes qui partent de ce point ; on représentera donc leurs projections en ponctué.

On voit de la même manière que les trois arêtes dont les projections concourent au point γ' sont vues.

TROISIÈME EXERCICE.

41. *Construire les projections d'un prisme pentagonal régulier qui repose par une face latérale sur le plan horizontal de projection.*

Trouver les projections et la vraie grandeur de la section faite dans ce prisme : 1° par un plan vertical ; 2° par un plan perpendiculaire au plan vertical de projection.

Soit $aba_1 b_1$ (fig. 52) la face rectangulaire suivant laquelle le prisme repose sur le plan horizontal. Une des bases du prisme est dans le plan vertical mené par ab ;

pour avoir les projections des sommets de cette base
on rabattra son plan autour de *ab* sur le plan horizontal de projection (36); la base sera rabattue en vraie
grandeur suivant le pentagone régulier *ab*CDE. Considérons le sommet rabattu en D; si de ce point on abaisse
la perpendiculaire D*d* sur *ab*, quand on remettra le plan
de la base dans sa position réelle, D*d* deviendra une
verticale et *d* sera la projection horizontale du point D de
l'espace. D*d* représente la hauteur de ce sommet au-
dessus du plan horizontal et par suite on obtiendra la
projection verticale *d'* de ce point en menant *d* à *d'* perpendiculaire à la ligne de terre et prenant $\delta d' = Dd$ (11).
On construira de même les projections verticales des autres sommets ainsi que celles des sommets de la base
opposée.

Distinction des parties vues et des parties cachées.

Sur le plan horizontal les deux arêtes aa_1, bb_1 sont cachées, car les verticales menées des points de ces arêtes
doivent traverser le prisme pour arriver à l'observateur;
les autres arêtes sont vues.

Sur le plan vertical les projections $c'c'_1$, $e'e'_1$ des deux
arêtes CC_1, EE_1 situées dans un même plan horizontal se
confondent en direction; l'une de ces arêtes CC_1 placée
en avant est vue, l'autre EE_1 placée en arrière est cachée; mais la projection de EE_1 n'est ponctuée que sur
la partie $c'_1e'_1$, le reste coïncidant avec la projection de
l'arête vue.

Il est facile de reconnaître encore que le sommet pro-
jeté en $e \cdot e'$ est caché; les projections $e'd'$, $e'a'$ qui passent
par la projection verticale e' de ce point doivent donc être
représentées en ponctué.

1° *Soit proposé de construire la projection de la section faite dans ce prisme par un plan vertical* PαP$_1$ (fig. 33).

Les arêtes latérales sont coupées aux points projetés horizontalement en m, n, p, q, r, verticalement en m', n', p', q', r'. On a donc immédiatement les projections du pentagone d'intersection. La figure 33 représente le résultat en supposant qu'on ait enlevé la partie de droite du prisme.

On obtient la vraie grandeur de la section soit en rabattant le plan vertical PαP$_1$ autour de Pα sur le plan horizontal suivant $nm_1p_1r_1q$ (36), soit en le faisant tourner autour de αP$_1$ pour l'appliquer sur le plan vertical de projection suivant $n_2m_2p_2r_2q_2$ (36 *bis*)[1].

2° *Soit proposé de construire les projections de la section faite dans ce prisme par le plan* PαP$_1$ *perpendiculaire au plan vertical de projection* (fig. 34).

Les arêtes latérales sont coupées aux points projetés verticalement en n', m', p', q', r', horizontalement en n, m, p, q, r; on a donc immédiatement les projections de tous les sommets du pentagone d'intersection.

Remarque. On a mis deux lettres m', p' à un même point de la projection verticale, parce que à ce point correspondent les deux points de l'espace projetés horizontalement en m et p et situés sur deux arêtes qui ont même projection verticale; il en est de même du point marqué $q'r'$.

La section a été rabattue en vraie grandeur sur le plan

---

[1] Si les limites du dessin ne permettaient pas d'effectuer cette construction, on emploierait le procédé indiqué plus loin (49).

horizontal suivant $qr\,m_1\,n_1\,p_1$ et verticalement suivant $q_2\,r_2\,m_2\,n_2\,p_2$ (36 *bis*).

Comme dans l'exemple précédent, on a supposé enlevée la partie du prisme qui est à droite du plan sécant.

TROISIÈME LEÇON

42. Définitions. On appelle *traces* d'une droite les points où elle perce les plans de projection; *trace horizontale* le point où elle perce le plan horizontal et *trace verticale* le point où elle perce le plan vertical.

PROBLÈME.

43. *Construire les projections d'une droite dont on donne les traces.*

Soient a et b' (fig. 35) les deux traces données; la trace horizontale a se projette verticalement en a' sur la ligne de terre; la trace verticale b' est à elle-même sa projection verticale; $a'b'$ est donc la projection verticale demandée. On obtient de même la projection horizontale en projetant horizontalement en b sur la ligne de terre la trace verticale b' et joignant ab.

PROBLÈME.

44. *Déterminer les traces d'une droite dont on donne les projections (fig. 35).*

Soient ab, $a'b'$ les deux projections données. La trace horizontale cherchée, située sur la droite et sur le plan horizontal de projection, se projette verticalement sur $a'b'$ et sur xy (15, Rem. I), par suite au point a' de rencontre de ces deux lignes ; donc en menant $a'a$ perpendiculaire à la ligne de terre, on obtient par sa rencontre avec ab la trace horizontale demandée a. On obtient de même la trace verticale b' au point de rencontre de $a'b'$ avec la perpendiculaire bb' menée à la ligne de terre par le point b où cette ligne est rencontrée par la projection horizontale ab.

45. On peut concevoir la droite comme déterminée par l'intersection de ses deux plans projetants, mais on aura une idée plus nette de sa position dans l'espace si l'on cherche d'abord ses traces et si l'on considère la droite qui joint ces deux points lorsque le plan mobile a repris sa position réelle.

Si l'on ne considère que la portion de la droite comprise entre ses traces, il est facile de reconnaître sur la figure 36 que ab. $a'b'$ est situé dans l'angle 1, cd. $c'd'$ dans l'angle 2, ef. $e'f'$ dans l'angle 3 et gh. $g'h'$ dans l'angle 4.

On a représenté en ponctué les projections de toutes les parties de ces droites qui ne sont pas dans l'angle 1 (38).

PROBLÈME.

46. *Mener par un point donné* m. m' *une parallèle à une droite donnée* ab. a'b' (fig. 37).

La projection horizontale de la droite demandée est parallèle à ab (21) et passe par le point m, elle est donc déterminée ; on obtient de même sa projection verticale en menant par m' une parallèle $m'c'$ à $a'b'$.

47. *Cas particulier où la droite donnée est dans un plan perpendiculaire à la ligne de terre* (fig. 38).

Dans ce cas, la parallèle n'est plus déterminée par ses deux projections (19) ; mais l'indétermination cessera si l'on projette les deux parallèles sur un plan vertical mené par une droite x_1y_1 (fig. 38) non parallèle à xy. Sur ce plan la droite $ab.a'b'$ se projette suivant $a''b''$ (13), le point $m.m'$ se projette en m'' (13) ; la droite demandée est projetée suivant $m''n''$ parallèle à $a''b''$ et un point quelconque de la droite projeté en n'' a sa projection horizontale en n sur mn, parallèle à ab, et sa projection n' sur le premier plan vertical à une distance de xy égale à la distance de n'' à x_1y_1 (11).

Nous avons indiqué la solution précédente, parce qu'elle est une application d'un procédé général ; mais en voici une autre plus rapide et qu'il convient d'employer dans la pratique (fig. 38 bis). On joindra le point donné $m.m'$ à l'un des points $a.a'$ de la droite donnée ; par le second point $b.b'$ de cette droite on mènera les droites bn, bn' respectivement égales et parallèles à am, $a'm'$; la figure $ab\,mn.a'b\,m'n'$ est un parallélogramme et le sommet $n.n'$ est un point de la parallèle demandée.

PROBLÈME.

48. *On donne les projections* ab, a'b' *d'une droite* (fig. 39), *on demande :*

1° *La distance de deux points* c. c′, d . d′ *de cette droite ;*

2″ *Les projections d'un point de la droite distant de* c . c′ *d'une longueur donnée* l *;*

3° *Les angles que fait la droite avec les plans de projection.*

1° Si l'on rabat le plan vertical projetant de la droite autour de sa trace horizontale (36), les points c . c′, d, d′ seront rabattus en C et D ; CD est la distance cherchée.

Remarque. Si les deux points donnés sont situés de côtés différents par rapport au plan horizontal de projection, ils auront leurs rabattements situés de côtés différents par rapport à la charnière *ab*.

2° Si sur le rabattement on prend à partir de C une longueur $CM = l$, M sera le rabattement d'un point de la droite distant de C de la longueur donnée l, si on relève, M sera projeté horizontalement en *m*, pied de la perpendiculaire menée de M sur *ab*, et verticalement en *m′*, point de rencontre de *a′b′* avec la perpendiculaire à la ligne de terre menée par *m*.

Il y a un second point m_1. $m′_1$ qui satisfait à la question ; pour l'obtenir il suffit de prendre $cm_1 = cm$ et $c′m′_1 = c′m′$.

3° L'angle de la droite rabattue AB avec sa projection *ab* est l'angle de la droite avec le plan horizontal. Si ces droites ne se coupaient pas dans les limites de l'épure, on mènerait par un point quelconque de AB une parallèle à *ab*.

On obtient l'angle que la droite fait avec le plan vertical

en rabattant autour de $a'b'$ sur le plan vertical le second plan projetant de cette droite.

On peut résoudre les mêmes problèmes en faisant tourner le plan vertical projetant de la droite autour de sa trace verticale bb′ pour l'appliquer sur le plan vertical de projection (36 bis).

1° La distance des points donnés est alors transportée en CD (fig. 40).

2° Un point distant de C de la longueur donnée l s'obtient en prenant $CM = l$ sur CD et en construisant le point $m.m'$ de la droite qui vient se rabattre en M; il suffit pour cela de faire en sens inverse les constructions effectuées pour déterminer les points C et D.

3° L'angle de la droite avec le plan horizontal est l'angle de DC avec la ligne de terre, puisque, dans le mouvement de rotation autour de $b.b'$, ba vient coïncider avec cette ligne.

On pourrait de même faire tourner autour de sa trace horizontale $a.a'$ le plan qui projette verticalement la droite.

GÉNÉRALISATION DES CONSTRUCTIONS PRÉCÉDENTES.

49. Il suffit qu'un plan soit parallèle à un plan de projection pour que ses éléments se projettent sur ce plan en vraie grandeur; donc, au lieu d'appliquer le plan vertical projetant de la droite sur le plan vertical de projection, on peut le faire tourner autour d'une verticale quelconque de manière à le rendre parallèle à ce plan; ses éléments se projetteront alors en vraie grandeur.

Si l'on fait tourner la figure autour de la projetante Dd de l'espace (fig. 41), les projections d, d' du point D ne changent pas de position, la trace horizontale dc du plan projetant devient dc_1 parallèle à la ligne de terre ; la projection horizontale c de C vient se placer en c_1 sur dc_1 à la distance $dc_1 = dc$ de d ; la projection verticale de ce point reste à la même distance de la ligne de terre ; cette projection verticale c'_1 est donc le point de rencontre de la parallèle à la ligne de terre menée par c' avec la perpendiculaire à cette ligne menée par c_1.

Dans cette position : 1° la distance des points $c.c'$, $d.d'$ est donnée par $d'c'_1$; 2° un point distant de $c.c'$ de la longueur l a sa projection verticale m'_1 sur $c'_1 d'$ à une distance $c'_1 m'_1 = l$ de c'_1 ; à cette projection verticale m'_1 (rabattement) correspond la projection verticale m' (position réelle) située au point de rencontre de $c' d'$ avec la parallèle à la ligne de terre menée par m'_1 ; $m.m'$ est le point cherché ; 3° l'angle de la droite avec le plan horizontal, le même que l'angle de cette droite avec une parallèle à sa projection horizontale, est projeté en vraie grandeur suivant $d' c'_1 c'$.

PROBLÈME.

50. *Mener par un point donné une droite qui fasse avec les plans de projection des angles donnés α et β (fig. 42).*

Considérons d'abord le cas où le point donné $a.a'$ est sur le plan vertical de projection ; cherchons la trace horizontale de la droite demandée.

Supposons le problème résolu et soit $ab.a'b'$ la droite, dans le triangle rectangle de l'espace qui a pour côtés de l'angle droit ab et aa', on connaît $a'a$ et l'angle aigu opposé qui est égal à l'angle donné α. Construisons ce triangle sur le plan vertical de projection en menant par a' la droite $a'\,b_1$ qui fait avec la ligne de terre l'angle α; le point cherché b se trouvera sur l'arc de cercle décrit du point a comme centre avec ab_1 pour rayon.

Dans le triangle rectangle de l'espace qui a pour côtés de l'angle droit bb' et $b'a'$, on connaît l'hypoténuse qui est la même que celle du triangle $a'ab_1$ déjà construit et l'angle aigu opposé à bb' qui est égal à l'angle donné β. Pour construire ce triangle, menons $a'd$ faisant avec $a'b_1$ l'angle β, et abaissons la perpendiculaire $b_1\,d$ sur cette droite; l'arc décrit de a' comme centre avec $a'd$ pour rayon rencontre la ligne de terre au point b' pied de la perpendiculaire $b'b$; le point de rencontre b de cette perpendiculaire bb' avec la circonférence, premier lieu trouvé de ce point b, est la trace horizontale de la droite cherchée. On en déduit facilement les projections ab, $a'b'$ de cette droite.

L'arc décrit de a' comme centre avec $a'd$ pour rayon peut rencontrer la ligne de terre en deux points; les perpendiculaires menées par ces points à la ligne de terre rencontrent chacune en deux points la circonférence décrite de a comme centre avec ab_1 pour rayon; le problème admet donc généralement quatre solutions[1].

---

[1] *Discussion.* — Pour que le problème soit possible, il faut et il suffit que l'arc décrit du point a' comme centre avec $a'd$ pour rayon rencontre la ligne de terre, c'est-à-dire que l'on ait

$$a'd \gtrless aa';$$

or on a
$$a'd = a'b_1 \cos \beta,$$
$$aa' = a'b_1 \sin \alpha.$$

La condition précédente devient donc
$$a'b_1 \cos \beta \gtrless a'b_1 \sin \alpha,$$

Nous n'en avons indiqué que deux sur la figure. Les deux autres sont symétriques des premières par rapport au plan vertical de projection.

Pour résoudre le même problème quand le point donné a une position quelconque, on mène d'abord une droite faisant les angles donnés avec les plans de projection par un point quelconque du plan vertical, puis on mène par le point donné une parallèle à la droite ainsi obtenue [1].

ou $$\sin(90° - \beta) \gtreqless \sin \alpha,$$

ou $$90° - \beta \gtreqless \alpha,$$

puisque les angles $90° - \beta$ et α sont nécessairement aigus, ou enfin

$$\alpha + \beta \lesseqgtr 90°.$$

La somme des angles donnés doit donc être au plus égale à un angle droit pour que le problème soit possible.

Dans le cas où l'on a $\alpha + \beta = 90$, on a aussi $a'd = aa'$, et la circonférence de rayon $a'd$ touche la ligne de terre en a; il n'y a plus qu'une perpendiculaire, et par suite que deux droites qui satisfont à la question; ces droites sont dans un plan perpendiculaire à la ligne de terre.

[1] On peut résoudre ce problème plus simplement de la manière suivante :

Soient $a.a'$ (fig. 191) le point donné dans une position quelconque, α l'angle que la droite doit faire avec le plan horizontal et β celui qu'elle doit faire avec le plan vertical. La condition de faire avec le plan horizontal l'angle α exige que la droite demandée soit une génératrice d'un cône de révolution ayant pour sommet le point $a.a'$, pour axe la verticale menée par $a.a'$ et dont les génératrices font avec l'axe le complément de α. Ce cône a pour contour apparent vertical les droites $a'c'$, $a'd'$, qui font avec xy l'angle α, et pour trace horizontale la circonférence cd.

La condition de faire avec le plan vertical l'angle β exige que la droite demandée soit une génératrice d'un cône de révolution ayant pour sommet le point $a.a'$, pour axe la perpendiculaire menée de $a.a'$ sur le plan vertical et dont les génératrices font avec l'axe le complément de β. Ce cône a pour contour apparent horizontal les droites ae, af qui font avec xy l'angle β.

Il suffit donc de déterminer les génératrices communes à ces deux cônes. Une sphère auxiliaire décrite du point $a.a'$ comme centre, coupe le premier cône suivant deux parallèles dont l'un est projeté verticalement suivant la droite $m'n'$, horizontalement en vraie grandeur suivant la circonférence mn; elle coupe le second cône suivant deux parallèles dont l'un est projeté horizontalement suivant la droite pq; les points r et l, communs à mn et pq, sont les projections horizontales de deux points appartenant aux

PROBLÈME.

51. *Observation sur le point de rencontre de deux droites données par leurs projections.*

Lorsque deux droites se coupent, leur point commun se projette horizontalement au point de rencontre de leurs projections horizontales, et verticalement au point de rencontre de leurs projections verticales ; on reconnaîtra donc que deux droites données par leurs projections se coupent, quand les points de rencontre de leurs projections sur les deux plans seront situés sur une perpendiculaire à la ligne de terre.

Quand les deux droites ont une projection commune, elles sont situées dans un plan projetant commun et par suite se coupent ou sont parallèles ; sur le plan de projection où les projections des deux droites sont différentes, le point commun aux deux droites a pour projection le point de rencontre de ces projections.

Quand les projections de deux droites $ab.a'b'$, $cd.c'd'$

génératrices d'intersection. On en déduit les projections verticales r', l' situées sur $m'n'$. Les droites que l'on obtient en joignant $a.a'$ à ces points $r.r'$, $l.l'$, satisfont à la question.

Si l'on considère le prolongement de l'un des cônes considérés, il est facile de voir qu'on obtient deux nouvelles solutions $ar_1.a'r'$, $al_1.a'l'$.

Pour que le problème soit possible, il faut que pq rencontre la circonférence mn, c'est-à-dire que la perpendiculaire ag menée de a sur pq soit au plus égale à am ; il faut donc que l'on ait :

$$ag \lessgtr am \text{ ou } a'm',$$

ou, en appelant R le rayon de la sphère auxiliaire,

$$R \sin \beta \lessgtr R \cos \alpha,$$

$$\text{d'où} \quad \sin \beta \lessgtr \sin (90° - \alpha) ;$$

et, puisque β et $\dfrac{\pi}{2} - \alpha$ sont des angles aigus,

$$\beta \lessgtr 90° - \alpha$$

$$\text{ou} \quad \alpha + \beta \lessgtr 90°.$$

(fig. 43) coïncident sur les deux plans de projection, ce qui arrive quand ces droites sont dans un même plan perpendiculaire à la ligne de terre, on détermine leur point de rencontre en rabattant le plan qui les contient autour de sa trace *ab* sur le plan horizontal ; le point O commun aux deux droites AB et CD rabattues est le rabattement du point cherché ; il est facile d'en déduire ses projections *o* et *o'*.

QUATRIÈME LEÇON

PROBLÈMES INDÉTERMINÉS.

52. *Construire les traces d'un plan qui contienne une droite donnée* ab . a'b' (fig. 44).

On déterminera les traces a et b' de cette droite (44) et on les joindra à un point quelconque α de la ligne de terre; le plan $P\alpha P_1$ ainsi déterminé satisfait à la question, puisqu'il contient deux points a et b' de la droite donnée.

Si l'on ne demande pas que le plan soit déterminé par ses traces, il suffit de mener par un point de $ab . a'b'$ une droite quelconque, cette droite et $ab . a'b'$ déterminent un plan qui satisfait à la question.

53. *Construire les traces d'un plan qui contienne un point donné* m . m' (fig. 44).

On mènera par le point $m . m'$ une droite quelconque $ab . a'b'$ et l'on construira un plan quelconque $P\alpha P_1$ contenant cette droite (52) ; ce plan contenant $ab . a'b'$ contient le point $m . m'$ situé sur cette droite.

Si le plan ne doit pas être déterminé par ses traces, on

mène par $m.m'$ deux droites quelconques ; le plan de ces droites satisfait à la question.

54. *Construire les projections d'une droite située dans un plan.*

1° Si le plan est déterminé par ses traces $P\alpha$, αP_{1} (fig. 44), on prendra un point quelconque a sur la trace horizontale, un point quelconque b' sur la trace verticale, et l'on construira (43) les projections ab, $a'b'$ de la droite qui a pour traces ces deux points.

2° Si le plan est donné par deux droites qui se coupent $ab.a'b'$, $ac.a'c'$ (fig. 45), il suffit de joindre un point quelconque $m.m'$ de la première à un point quelconque $n.n'$ de la seconde.

3° Si le plan donné passe par la ligne de terre et un point, toute droite joignant ce point à un point quelconque de la ligne de terre est une droite du plan.

55. *Mener une horizontale d'un plan.*

1° Le plan donné (fig. 47) est figuré par deux droites qui se coupent $ab.a'b'$, $ac.a'c'$; toute horizontale de ce plan a sa projection verticale $m'n'$ parallèle à xy ; les points m' et n' de rencontre avec $a'b'$ et $a'c'$ sont les projections verticales des points où l'horizontale considérée rencontre les droites données ; les projections horizontales de ces droites situées sur les projections horizontales des droites sont m et n ; mn est la projection horizontale cherchée.

2° Le plan donné $P\alpha P_{1}$ (fig. 46) est figuré par ses traces. Une horizontale $mv.m'v'$ quelconque du plan a sa projection verticale $m'v'$ parallèle à xy, sa trace verticale v' sur

αP, trace verticale du plan, et sa projection horizontale mv parallèle à la trace horizontale Pα.

3° Si le plan donné passe par la ligne de terre ou est parallèle à cette ligne, on construit une droite quelconque du plan (54, 1° et 3°), et par un point de cette droite on mène une parallèle à la ligne de terre.

On construirait de même dans un plan une droite parallèle au plan vertical de projection.

56. *On donne la projection horizontale d'une droite située dans un plan, construire sa projection verticale.*

1° Si le plan est donné par deux droites qui se coupent $ab.a'b'$, $ac.a'c'$ (fig. 45), les points m et n où la projection donnée ef coupe les projections horizontales ab et ac des deux droites sont les projections horizontales des points où la droite cherchée rencontre les deux droites qui déterminent le plan ; les projections verticales de ces points sont m', n' ; $m'n'$ est donc la projection verticale demandée.

2° Si le plan est donné par ses traces Pα et αP$_1$ (fig. 44), on considérera les deux traces comme deux droites du plan ayant chacune la ligne de terre pour une de ses projections. Les points a et b de rencontre de la projection donnée ab avec Pα et xy donnent les projections verticales correspondantes a' et b' sur xy et αP$_1$; $a'b'$ est donc la projection verticale demandée.

Si, au lieu de la projection horizontale, on donnait la projection verticale de la droite, on résoudrait le problème de la même manière.

3° Si le plan est parallèle à la ligne de terre ou passe

par cette ligne et un point, on sait mener dans ce plan une droite quelconque (54, 1° et 3°) et par suite on connaît les projections de son point de rencontre avec la droite considérée. On a donc facilement deux points de la projection horizontale cherchée.

Si, au lieu de la projection horizontale, on donnait la projection verticale de la droite, on résoudrait le problème de la même manière.

PROBLÈME.

57. *On donne la projection horizontale d'un point situé dans un plan; déterminer sa projection verticale.*

Quel que soit le mode de représentation du plan, on mènera par la projection donnée une droite que l'on considérera comme la projection horizontale d'une droite du plan (56), on construira la projection verticale de cette droite; la projection cherchée du point se trouvera sur cette projection verticale.

Quand le plan est déterminé par ses traces (fig. 46), on se sert souvent de l'horizontale mv, $v'd'$, qui passe par le point.

Quand le plan passe par la ligne de terre et un point donné $o.o'$ (fig. 48), on joint la projection horizontale donnée m à la projection horizontale o du point qui détermine le plan; mo rencontre la ligne de terre en un point p qui appartient à la droite du plan projeté en om, po' est la projection verticale de cette droite; po' contient donc la projection verticale cherchée m'.

Si, au lieu de la projection horizontale du point, on donnait sa projection verticale, on résoudrait le problème de la même manière.

APPLICATION.

58. *On donne les projections* sabc, s'a'b'c' (fig. 49)
*d'une pyramide triangulaire ; on demande de reconnaître si
les projections horizontales des arêtes* sa, sb, sc, *qui sont
dans l'intérieur de la projection de la pyramide, doivent être
représentées comme vues ou cachées.*

Ces arêtes sont vues ou cachées selon que le point $s.s'$
qui leur est commun est situé au-dessus ou au-dessous de
la face $abc.a'b'c'$. Pour le reconnaître cherchons la projection verticale du point de cette face projetée en s (57) ;
la projection verticale obtenue s'' est plus rapprochée de
la ligne de terre que s' projection verticale du sommet $s.s'$
de la pyramide ; le sommet $s.s'$ est donc vu en projection
horizontale, et par suite il en est de même des trois arêtes
qui passent par ce sommet.

En raisonnant de la même manière pour le plan vertical, on reconnait que les arêtes projetées on $s'a'$, $s'b'$,
$s'c'$ sont cachées.

PROBLÈME.

59. *Construire les traces d'un plan déterminé par deux
droites* ab.a'b', ac.a'c' *qui se coupent* (fig. 50).

Les traces des deux droites sont nécessairement situées sur les traces du plan ; si donc on détermine les
traces horizontales b et c des deux droites et leurs traces
verticales d' et e', bc et $d'e'$ sont les traces du plan
cherché. Comme vérification, ces droites doivent couper
la ligne de terre au même point α.

60. On construirait de la même manière les traces d'un plan déterminé par deux droites parallèles.

61. Si les traces des deux droites sont situées hors des limites de l'épure, on peut avoir recours à d'autres droites du plan obtenues en joignant des points pris arbitrairement sur l'une des droites données à des points quelconques de l'autre.

62. Quand l'une des deux droites données est parallèle à l'un des plans de projection, la trace sur ce plan du plan cherché étant parallèle à cette droite est parallèle à sa projection sur le même plan.

63. *Pour construire les traces d'un plan déterminé par trois points*, on joint un des trois points donnés aux deux autres, et l'on est ramené encore à construire les traces d'un plan déterminé par deux droites qui se coupent.

64. On construirait de la même manière les traces d'un plan déterminé par un point et une droite.

PROBLÈME.

65. *Mener par un point donné* a.a' *un plan parallèle à deux droites données* mn.m'n', pq.p'q' (fig. 50).

Si par le point donné $a.a'$ on mène des parallèles $ab.$ $a'b'$, $ac.a'c'$ aux droites données, le plan de ces deux parallèles sera le plan cherché.

Ces deux parallèles déterminent le plan; si l'on veut en avoir les traces, on opérera comme dans le problème précédent.

PROBLÈME.

66. *Mener par une droite donnée un plan parallèle à une autre droite donnée.*

On mènera par un point de la première droite une parallèle à la seconde; le plan de cette parallèle et de la première droite sera le plan demandé.

PROBLÈME.

67. *Mener par un point un plan parallèle à un plan donné.*

Si le plan est donné par deux droites qui se coupent, le plan des deux droites menées par le point parallèlement aux deux droites données est le plan cherché.

Si le plan est donné par ses deux traces $P\alpha, \alpha P_1$ (fig. 51), on peut considérer $P\alpha$ et αP_1 comme deux droites du plan; mais dans ce cas on peut simplifier les constructions en observant que les intersections de deux plans parallèles par un troisième étant parallèles, les traces du plan cherché sont respectivement parallèles aux traces du plan donné; il suffit donc de déterminer un point de l'une d'elles. Par le point donné $m.m'$ on mènera une parallèle $mv.m'v'$ à la trace horizontale $P\alpha$; par la trace verticale v' de cette droite on mènera $Q_1\beta$ parallèle à $P_1\alpha$, et par le point de rencontre β avec la ligne de terre, $Q\beta$ parallèle à αP; le plan $Q\beta Q_1$ est le plan demandé.

68. *Si le plan donné passe par la ligne de terre et un point donné $o.o'$* (fig. 52), on trace une droite quelconque du plan donné en joignant le point $o.o'$ à un point quelconque a de la ligne de terre; on mène par le point

donné $m.m'$ une parallèle $mb.m'b'$ à cette droite, les traces h et b' de cette parallèle appartiennent aux traces du plan cherché ; il suffit donc de mener par ces points des parallèles hr, $b'r_1$ à la ligne de terre.

PROBLÈME.

69. *Déterminer l'intersection de deux plans.*

Soient P_2P_1 et Q_2Q_1 (fig. 53) les deux plans donnés ; le point h de rencontre de leurs traces horizontales est un point commun aux deux plans et par suite la trace horizontale de leur intersection. Le point de rencontre v' de leurs traces verticales est de même la trace verticale de cette intersection ; on a donc à construire les projections vh, $v'h'$ d'une droite dont on connaît les traces (43).

PROBLÈME.

70. *Déterminer le point commun à trois plans.*

Soient A, B, C les trois plans donnés. Cherchons l'intersection des plans A et B, puis celle des plans A et C ; ces deux intersections situées dans un même plan A se coupent généralement ; leur point de rencontre est le point commun aux trois plans.

Comme vérification, l'intersection des plans B et C doit passer par le même point.

Pour qu'il y ait un point commun, il faut : 1° que le plan A coupe les plans B et C, c'est-à-dire ne soit parallèle à aucun d'eux ; 2° que les intersections des plans A et B, A et C ne soient pas parallèles.

CAS PARTICULIERS DE L'INTERSECTION DE DEUX PLANS.

71. *Marche générale à suivre.* Quand les traces des deux plans se coupent en dehors des limites de l'épure ou quand les deux points qui déterminent l'intersection se confondent en un seul, la solution générale n'est plus applicable. Dans ces cas on peut obtenir un point de l'intersection au moyen d'un plan auxiliaire choisi de manière qu'il soit facile de construire ses intersections avec les deux plans donnés ; le point de rencontre de ces deux intersections est le point commun aux trois plans et par suite un point de l'intersection cherchée.

On peut souvent employer comme plans auxiliaires des plans quelconques, mais on emploie de préférence des plans parallèles aux plans de projection ou perpendiculaires à la ligne de terre. Ces plans donnent généralement des constructions plus simples.

Quelquefois, d'après les conditions que remplissent les données, l'intersection des deux plans doit satisfaire elle-même à certaine condition particulière ; on se sert de cette condition pour construire les projections de l'intersection.

INTERSECTION DE DEUX PLANS DONT L'UN EST HORIZONTAL.

72. La solution de ce problème revient à déterminer la projection horizontale *vd* (fig. 46) ou *mn* (fig. 47) d'une horizontale d'un plan, quand on connaît sa projection verticale (55).

On obtiendrait de même l'intersection de deux plans dont l'un est parallèle au plan vertical de projection.

INTERSECTION DE DEUX PLANS DONT L'UN EST PERPENDICULAIRE A LA LIGNE DE TERRE.

73. 1° Si le plan est déterminé par ses traces, l'intersection (fig. 55) est déterminée par ses deux traces h et v', qui sont les points de rencontre des traces des deux plans. — Cette intersection a été rabattue suivant hv_1 sur le plan horizontal de projection.

2° Si le plan est déterminé par deux droites qui se coupent, les points où ces droites percent le plan de profil sont deux points de l'intersection.

3° S'il passe par la ligne de terre et un point donné, l'intersection est déterminée par son point de rencontre avec la ligne de terre et celui où il rencontre la parallèle à cette ligne menée par le point donné.

INTERSECTION DE DEUX PLANS PARALLÈLES A LA LIGNE DE TERRE.

74. L'intersection est parallèle à la ligne de terre; car si par un point de cette intersection on mène une parallèle à la ligne de terre, cette parallèle est contenue dans chacun des deux plans et par suite coïncide avec leur intersection.

Soient PP_1 et RR_1 les deux plans donnés (fig. 56); un plan quelconque SzS_1 coupe PP_1 suivant $ab \cdot a'b'$, RR_1 suivant $cd \cdot c'd'$; le point $e \cdot e'$ commun à ces deux intersections est un point de l'intersection cherchée; il suffit donc de mener par ce point une parallèle $eo \cdot e'o'$ à la ligne de terre.

75. Au lieu d'un plan auxiliaire quelconque, on peut employer un plan de profil TT_1 (fig. 56); ce plan coupe PP_1 suivant une droite ayant pour traces g et f' et rabattue en gf_1 sur le plan horizontal de projection; il coupe RR_1 suivant une droite ayant pour traces l et k' et rabattue horizontalement en lk_1; le point O commun à gf_1 et lk_1 est le rabattement d'un point de l'intersection cherchée. Si l'on remet le plan auxiliaire dans sa vraie position, le point O se projette horizontalement en o, pied de la perpendiculaire menée de o sur la charnière, et verticalement en o' à une distance de la ligne de terre égale à Oo; la parallèle $oe.o'e'$, menée par $o.o'$ à la ligne de terre, est l'intersection cherchée.

OBSERVATION SUR DEUX PLANS DONT LES TRACES SONT
RESPECTIVEMENT PARALLÈLES.

76. Quand les traces respectivement parallèles de deux plans rencontrent la ligne de terre, les deux plans sont parallèles, puisque deux angles dont les côtés sont parallèles ont leurs plans parallèles; mais on ne peut plus tirer cette conclusion lorsque les traces sont parallèles à la ligne de terre. Nous allons examiner à quelle condition elles doivent satisfaire dans ce cas pour que les plans soient parallèles.

Il suffit, d'après le principe cité plus haut, que les sections faites dans les deux plans par un plan quelconque non parallèle à la ligne de terre soient parallèles. Si l'on considère un plan de profil TT_1 (fig. 57), les sections faites par ce plan dans les deux plans donnés sont deux parallèles rabattues suivant d b et $e.c$; dans les triangles semblables ace_1, abd_1, on a la proportion :

$$\frac{ab}{ab_1} = \frac{ac}{ae_1},$$

ou

$$\frac{ab}{ad} = \frac{ac}{ae}.$$

Donc, pour que les plans soient parallèles, le rapport des distances des traces de l'un des plans à la ligne de terre doit être égal au rapport analogue pour les traces de l'autre plan, en supposant les traces de même nom situées d'un même côté par rapport à la ligne de terre.

Pour reconnaître graphiquement si cette condition est remplie, il suffit de mener par un point quelconque α de la ligne de terre deux droites quelconques αm, αn et de joindre les points p et q, r et s où elles rencontrent les traces d'un même plan ; les droites pq, rs ainsi obtenues doivent être parallèles, car les rapports $\frac{\alpha q}{\alpha s}$, $\frac{\alpha p}{\alpha r}$, respectivement égaux à $\frac{ab}{ac}$, $\frac{ad}{ae}$, sont égaux entre eux.

INTERSECTION DE DEUX PLANS QUI COUPENT LA LIGNE
DE TERRE AU MÊME POINT.

77. Soient $P\alpha P_1$ et $Q\alpha Q_1$ les deux plans donnés (fig. 58) ; le point α où la ligne de terre est coupée par les deux plans est un point de l'intersection ; pour en obtenir un second, coupons les deux plans par un plan quelconque $S\beta S_1$; le point $m.m'$ commun aux deux intersections appartient à l'intersection cherchée.

INTERSECTION DE DEUX PLANS DONT LES TRACES SUR UN DES PLANS
DE PROJECTION SE COUPENT EN DEHORS DES LIMITES DE L'ÉPURE.

78. Soient $P\alpha P_1$ et $Q\beta Q_1$ (fig. 59) les plans donnés dont
les traces verticales αP_1, βQ_1 se coupent en dehors des limites de l'épure ; le point h où se coupent les traces horizontales des deux plans est la trace horizontale de l'intersection. Pour obtenir un second point de cette intersection,
coupons les deux plans donnés par un plan horizontal
auxiliaire $m'n'$; le plan $P\alpha P_1$ sera coupé suivant l'horizontale $mp . m'n'$, le plan $Q\beta Q_1$, suivant l'horizontale $nq . m'n'$;
le point $o . o'$ commun à ces deux droites est un point de
l'intersection cherchée $ho . h'o'$.

INTERSECTION DE DEUX PLANS DONT LES TRACES SUR LES DEUX
PLANS DE PROJECTION SE COUPENT EN DEHORS DES LIMITES DE
L'ÉPURE.

79. Soient $P\alpha P_1$ et $Q\beta Q_1$ les deux plans donnés (fig. 60) ;
un plan auxiliaire horizontal $m'n'$ et un autre plan pq parallèle au plan vertical donnent généralement deux points
$o . o'$, $r . r'$ de l'intersection.

Dans la pratique il convient de prendre les deux plans
auxiliaires aussi éloignés que possible des deux plans de
projection, afin d'avoir deux points de l'intersection aussi
éloignés l'un de l'autre que le permettent les données.

80. Il peut se faire que, quelles que soient les positions des plans auxiliaires, on n'obtienne par ce procédé
aucun point dans les limites de l'épure. Dans ce cas on a
recours à un plan auxiliaire $R\gamma R_1$ (fig. 61) parallèle à
l'un des plans donnés $P\alpha P_1$ et assez rapproché de $Q\beta Q_1$

pour que les traces se coupent en c et d' dans les limites de l'épure ; l'intersection $cd.c'd'$ de ce plan et de $Q\beta Q_1$ est parallèle à l'intersection cherchée ; il suffit donc de trouver un point de chacune des projections de cette dernière intersection.

Supposons le problème résolu et soit $\gamma\beta = \dfrac{x\beta}{3}$. La figure auxiliaire $d'\gamma c\beta$ et la figure que l'on formerait en prolongeant les traces des plans donnés sont semblables, les éléments homologues sont donc proportionnels. Soit a' le point homologue à c' on a $a'\beta = 3c'\beta$ et de même $b\beta = 3d\beta$.

INTERSECTION DE DEUX PLANS DONT LES TRACES SUR L'UN
DES PLANS DE PROJECTION SONT PARALLÈLES.

81. Soient $P\alpha P_1$ et $Q\beta Q_1$ (fig. 62) les plans donnés dont les traces horizontales $P\alpha$ et $Q\beta$ sont parallèles. L'intersection des deux plans est parallèle à ces traces ; car si par un point quelconque de l'intersection on mène une parallèle à $P\alpha$ et par suite à $Q\beta$, cette parallèle sera située dans chacun des deux plans ; elle coïncidera donc avec leur intersection. On connaît d'ailleurs la trace verticale v' de cette intersection, il suffit donc de mener par le point $v.v'$ une parallèle $va.v'a'$ à l'horizontale $P\alpha$.

INTERSECTION DE DEUX PLANS DONT L'UN PASSE PAR LA
LIGNE DE TERRE ET UN POINT DONNÉ.

82. Soient $P\alpha P_1$ le plan quelconque (fig. 63) et $o.o'$ le point qui, avec la ligne de terre, détermine le second plan. Le point α où $P\alpha P_1$ coupe la ligne de terre est un point de l'intersection ; pour en obtenir un second, menons un plan horizontal par $o.o'$; ce plan coupe le plan qui passe par la ligne de terre suivant $oc.o'c'$ parallèle à cette ligne; le plan P_2P_1 suivant l'horizontale $md.m'c'$; le point $g.g'$, commun à ces deux intersections, est un point de l'intersection cherchée; il suffit donc de joindre $ag.a'g'$.

INTERSECTION D'UN PLAN HORIZONTAL ET D'UN PLAN PARALLÈLE A LA LIGNE DE TERRE.

83. Soient PP_1 et $m'n'$ les deux plans donnés (fig. 64); l'intersection cherchée est parallèle à la ligne de terre et a pour projection verticale $m'n'$. Si l'on prend un point a' quelconque sur cette projection verticale, on obtient facilement la projection horizontale a correspondante au moyen d'une droite $bc.b'c'$ tracée dans le plan PP_1 et qui passe par ce point; an parallèle à la ligne de terre est la projection horizontale de l'intersection cherchée.

Cette solution s'applique également au cas où le plan PP_1 passerait par la ligne de terre et à celui où le plan horizontal serait remplacé par le plan vertical de projection.

INTERSECTION DE DEUX PLANS DONT LES TRACES, APRÈS LE RABATTEMENT, SONT EN LIGNE DROITE.

84. Soient P_2P_1 et Q_2Q_1 les plans donnés (fig. 65), le point m, où se coupent leurs traces, est à la fois la trace horizontale et la trace verticale de l'intersection; si l'on suppose le plan vertical ramené dans sa position réelle, on voit que la droite qui joint ces deux traces est dans un plan perpendiculaire à la ligne de terre et qu'elle fait des angles de 45° avec les plans de projection dans l'angle 2 ou l'angle 4. Sur la figure cette intersection a été rabattue suivant mm_1 sur le plan horizontal de projection.

Dans le cas où le point commun aux traces est situé sur la ligne de terre, on n'a plus qu'un point de l'intersection, mais ce point suffit pour la déterminer, car sa direction est parallèle à celle de l'intersection de l'un des plans donnés et d'un plan quelconque parallèle à l'autre.

CINQUIÈME LEÇON

85. *Déterminer la section faite dans une pyramide* SABC . *S'A'B'C' par un plan* $P_\alpha P_1$ (fig. 66).

Cherchons la section faite par le plan $P_\alpha P_1$ dans la face SAC.S'A'C'; si l'on conçoit cette face prolongée, sa trace horizontale AC coupera la trace horizontale P_α du plan sécant en un point h qui est la trace horizontale de l'intersection des deux plans; on obtient un second point de cette intersection au moyen d'un plan auxiliaire horizontal $m'n'$; ce plan coupe la face de la pyramide suivant $ac.m'n'$ parallèle à AC, le plan $P_\alpha P_1$ suivant $cd.m'n'$ parallèle à P_α; le point $c.c'$, commun à ces deux intersections, est un point de l'intersection cherchée $ch.c'h'$ des deux plans; la partie utile de cette intersection est la droite finie 1 2, 1' 2', limitée aux arêtes SA.S'A', SC.S'C' de la face SAC.

Le point 2.2', situé sur l'arête SA.S'A', appartient à la face SBA.S'B'A' et au plan $P_\alpha P_1$: il est donc un point de l'intersection de ces deux plans; le point k, où se coupent les traces horizontales P_α et BA de ces plans, est

un second point de cette intersection qui est ainsi déterminée. La partie utile de cette intersection est la droite
finie 2 3, 2′ 3′, située sur la face SAB . S′A′B′.

L'intersection de la face SBC . S′B′C′ et du plan P₂P₁ est
déterminée par les deux points 1.1′, 3.3′, situés sur les
arêtes SB . S′B′, SC . S′C′.

On peut résoudre ce problème d'une manière diffé-
rente, que nous indiquerons plus loin (157), au moyen
d'un plan vertical auxiliaire de projection perpendiculaire
au plan sécant; mais la marche que nous avons suivie a
l'avantage de conduire à une solution simple du problème
de l'intersection de deux polyèdres.

PROBLÈME.

86. *Intersection de deux polyèdres quelconques.*

Soient P et Q les deux polyèdres donnés. Cherchons
d'abord une face α de P et une face 1 de Q qui donnent
une partie utile de l'intersection des deux solides. Il suffit
pour cela de mener un plan horizontal convenablement
choisi et de construire les projections horizontales des
deux polygones d'intersection (55); tout point de rencontre d'un côté du premier polygone avec un côté de
l'autre est un point de l'intersection cherchée, et les deux
faces sur lesquelles il se trouve peuvent être prises pour
les faces considérées α et 1 [1].

L'intersection de ces deux faces sera déterminée par
le point déjà trouvé et un point donné par un second plan
horizontal auxiliaire (si les traces horizontales des deux

---

[1] Si un premier essai ne donne pas de polygones qui se coupent, on
verra de quel côté il faut transporter le plan horizontal sécant pour satisfaire à cette condition, et l'on recommencera la même construction pour
le second plan

faces sont figurées sur l'épure, on pourra se servir de leur point de rencontre). On conserve de cette intersection la partie qui se trouve à la fois dans les limites des faces α et 1 des deux polyèdres. Soient MN cette partie utile et N un point de cette intersection situé sur une arête de la face 1 du polyèdre Q par exemple. Ce point N appartient aussi à la face suivante de Q, que nous appellerons la face 2, et, comme il appartient aussi à la face α, il est un point de l'intersection de α et 2. On pourra obtenir un second point de cette nouvelle intersection, comme on l'a fait pour les faces α et 1. Cette seconde partie de l'intersection sera donc encore déterminée. On conservera de cette intersection la partie utile comprise entre le point N et le premier point, où elle rencontre une autre arête appartenant à l'un ou à l'autre des deux polyèdres. On pourra continuer de la même manière, et l'on obtiendra ainsi sans tâtonnement tous les éléments successifs de l'intersection jusqu'à ce qu'on soit revenu à la seconde extrémité M du premier élément MN.

Remarque. Cette méthode générale est la seule qu'il convienne d'employer lorsqu'on a à déterminer l'intersection de deux polyèdres quelconques, parce qu'elle donne sans tâtonnement tous les éléments successifs du résultat ; mais dans le plus grand nombre des cas, à cause des dispositions particulières des données, on reconnaît *à priori* des sommets ou des côtés de l'intersection ; il est clair qu'il convient alors d'utiliser ces éléments pour achever les constructions.

Si les deux polyèdres ont un plan de symétrie commun, une moitié du résultat fera connaître l'autre moitié.

87. L'un des deux polyèdres proposés peut traverser l'autre de part en part, ou bien ne faire sur lui qu'une entaille ; on dit dans les premiers cas qu'il y a *pénétration*, dans le second qu'il y a *arrachement*. Dans le cas de la pénétration, l'intersection peut se composer de plusieurs lignes polygonales ; après en avoir obtenu une première, il y aura donc lieu de chercher encore la partie de l'intersection située sur les faces non encore considérées.

88. Nous allons appliquer la méthode générale indiquée à la construction de

L'INTERSECTION D'UN PRISME ET D'UNE
PYRAMIDE.

Nous chercherons d'abord la projection horizontale de l'intersection, et, pour simplifier le langage, nous désignerons les figures de l'espace par les lettres de leurs projections horizontales.

Soient $SABC$ et $mnpm_1 n_1 p_1$ la pyramide et le prisme proposés (fig. 67). Les faces SAC et $mpm_1 p_1$ se coupent suivant fg. Cette intersection est déterminée par le point g, où se coupent les traces horizontales des deux faces, et un point f donné par les intersections df, ef des deux plans considérés avec un plan horizontal auxiliaire $d'e'$. La partie utile de cette intersection est $1\,2$, limitée aux deux arêtes SA, SC de SAC. Au point 2, situé sur l'arête SC, l'intersection passe sur la face SCB de la pyramide en restant sur la face $mpm_1 p_1$ du prisme ; l'intersection $2h$ de SCB et $mpm_1 p_1$ est donnée par le point 2, qui leur est commun, et le point h où se coupent leurs traces horizontales. La partie utile de cette intersection est $2\,3$, limitée en 3 à l'arête pp_1 du prisme. Au point 3, l'intersection passe de la face mpm_1p_1 du prisme sur la face pnp_1n_1 en restant sur la face SCB de la pyramide; l'intersection $3k$ de pnp_1n_1 et SCB est donnée par le point 5, qui leur est commun, et le point k où se coupent leurs traces horizontales; la partie utile de cette intersection est 3 4, limitée à l'arête nn_1 du prisme. A partir du point 4 on ne peut plus appliquer la même construction, parce que le point de rencontre des traces BC avec mn est en dehors des limites de l'épure; mais si l'on reprend les constructions à partir du point 1, et en sens inverse, on déterminera facilement, ainsi qu'il a été expliqué plus haut, les sommets 8, 7, 6, 5; il n'y aura plus qu'à joindre les sommets 4 et 5.

89. **Remarque.** Quand deux traces horizontales se coupent en dehors des limites de l'épure, pour déterminer un second point de l'intersection à laquelle on est arrivé, on peut, comme nous l'avons dit, avoir recours à un plan horizontal auxiliaire, ou bien chercher, comme nous l'indiquerons plus loin, le point de rencontre d'une arête de l'un des solides avec une face de l'autre[1].

Les projections verticales des sommets s'obtiennent au moyen de perpendiculaires à la ligne de terre menées par les projections horizontales jusqu'aux points de ren-

---

[1] Pour éviter l'emploi d'un plan horizontal auxiliaire, on peut avoir recours à la construction graphique suivante :

Soient deux droites concourantes AB, CD (fig. 139) et un point M par lequel on se propose de mener une droite passant par le point de concours de AB et CD. On mènera par M deux droites quelconques ME, MF, qui rencontrent AB en E, CD en F; on joindra EF; on mènera une parallèle quelconque E_1F_1 à EF, et, par les points E_1, F_1 de rencontre avec AB et CD, des parallèles E_1M_1 et F_1M_1 à EM, et FM, le point M_1 de rencontre de ces droites appartient à la droite demandée.

contre avec les projections verticales correspondantes des arêtes.

Afin de faciliter la lecture du résultat, nous avons représenté la pyramide avec l'arrachement fait par le prisme, ce dernier solide étant supposé enlevé ; les parties coupées qui sont vues ont été indiquées par des hachures.

SIXIÈME LEÇON

PROBLÈME.

90. *Déterminer le point de rencontre d'une droite et d'un plan.*

SOLUTION GÉNÉRALE. Si par la droite donnée on mène un plan quelconque, la droite située dans ce plan ne peut percer le plan donné qu'en un point de l'intersection de ces deux plans; le point commun à cette intersection et à la droite donnée est donc le point cherché.

Pour simplifier les constructions, on prend généralement comme plan auxiliaire un plan projetant de la droite.

CAS OÙ LE PLAN EST DONNÉ PAR SES TRACES.

91. Soient $ab.a'b'$ la droite et $P\alpha P_1$ le plan donnés (fig. 68). Le plan vertical projetant de la droite coupe le plan $P\alpha P_1$ suivant une droite projetée verticalement en $d'c'$; le point o' de rencontre de $d'c'$ avec $a'b'$ est donc la projection verticale du point cherché; on en déduit la projection horizontale o.

CAS OU LE PLAN EST DONNÉ PAR DEUX DROITES QUI SE COUPENT.

92. Soient $ab.a'b'$ la droite donnée (fig. 69) et $cd.c'd'$, $ce.c'e'$ les deux droites qui déterminent le plan; le plan vertical de $ab.a'b'$ coupe les droites $cd.c'd'$, $ce.c'e'$ aux points projetés horizontalement en m et n, verticalement en m' et n'; $m'n'$ est donc la projection verticale de l'intersection du plan des deux droites et du plan vertical projetant de $ab.a'b'$; le point o' de rencontre de $m'n'$ et de $a'b'$ est par suite la projection verticale du point cherché; on en déduit la projection horizontale o.

93. Quand le plan est déterminé par trois points ou une droite et un point, on obtient facilement deux droites de ce plan, et l'on est ramené au cas précédent.

APPLICATIONS.

94. 1° *Déterminer les points de rencontre d'une droite* $ab.a'b'$ *avec une pyramide* $smnpq.s'm'n'p'q'$ (fig. 70)

Le plan vertical projetant de $ab.a'b'$ coupe la pyramide suivant le polygone projeté horizontalement suivant $\alpha\beta\gamma\delta$, verticalement suivant $\alpha'\beta'\gamma'\delta'$; les points o' et c', communs à $\alpha'\beta'\gamma'\delta'$ et $a'b'$, sont les projections verticales des points cherchés; on en déduit les projections horizontales o et e.

On a représenté en ponctué sur la projection horizontale la partie oc de la droite qui est dans l'intérieur de la pyramide; sur la projection verticale $o'c'$ est ponctué pour la même raison; $c'r'$ est caché par la pyramide.

95. 2° *Intersection de deux plans déterminés par deux droites qui se coupent.*

Soient $ab.a'b'$, $ac.a'c'$ (fig. 71) les droites qui déterminent le premier plan, $od.o'd'$, $oe.o'e'$ celles qui déterminent le second ; la droite $od.o'd'$ perce le plan des deux premières droites en $r.r'$ (92) ; la droite $oe.o'e'$ le perce en $g.g'$; $rg.r'g'$ est l'intersection cherchée.

96. 3° *Observations sur les questions d'ombre.*

1° Soient F un point lumineux (fig. 72) et A un point matériel. Si l'on joint ces points, la lumière du point F sera interceptée par le point A pour tous les points placés sur le prolongement de cette droite FA ; si donc on veut trouver le point d'un plan MN auquel le point A intercepte la lumière du point F, il suffit de chercher le point B où FA perce ce plan. Ce point B est dit *le point d'ombre portée* de A sur le plan MN.

2° Si, au lieu d'un point A, on considère une droite matérielle AC (fig. 73), la lumière du point F sera interceptée par AC pour tous les points de l'espace situés sur la partie du plan FAC qui est au delà de AC par rapport à F et limitée aux rayons extrêmes FA et FC ; la droite finie BD, intersection de FAC et de MN, est donc *l'ombre portée* de AC sur le plan MN.

3° Si, au lieu d'une droite AC, on considère une surface limitée au polygone AFCG (fig. 74), on verra de même que la lumière du point F est interceptée par le polygone AECG pour tous les points de l'espace situés au delà du polygone par rapport au point F dans l'intérieur de l'angle polyèdre FAECG ; si donc on veut déterminer *l'ombre portée* par AECG sur un plan MN, il suffit de déterminer le polygone *aecg* d'intersection de MN et de la surface de l'angle polyèdre.

4° Enfin si, au lieu d'un polygone, on considère un polyèdre quelconque, on concevra un angle polyèdre ayant pour sommet le point F et pour faces latérales des plans passant par des arêtes du polyèdre et laissant toujours le polyèdre entier d'un même côté ; il est clair que les rayons lumineux du point F seront interceptés par le polyèdre pour tous les points de l'espace situés dans l'intérieur de l'angle polyèdre au delà du solide par rapport au point lumineux. *L'ombre portée* par le solide sur un plan quelconque sera donc donnée par l'intersection de ce plan avec la surface de l'angle polyèdre circonscrit au solide.

Pour simplifier le langage, on donne souvent le nom de *pyramide circonscrite* à la surface de cet angle polyèdre circonscrit.

5° Si, au lieu de chercher l'ombre portée par un polyèdre A sur un plan, on cherche l'ombre portée par ce polyèdre sur un autre polyèdre B, il est clair que la question revient à déterminer l'intersection de ce polyèdre B avec la pyramide circonscrite au polyèdre A.

6° Dans le cas où le point lumineux est à l'infini, les rayons deviennent parallèles et la pyramide circonscrite devient un prisme. Dans ce cas, l'ombre est dite *ombre au soleil ;* dans l'autre cas, on l'appelle *ombre au flambeau.*

97. *7° Application de la solution du problème de l'intersection d'une droite et d'un plan à la détermination de l'intersection de deux polyèdres.*

Il est clair que chaque sommet de la ligne polygonale d'intersection est un point où une arête de l'un des solides rencontre une face de l'autre. La détermination de tous les sommets revient donc à une recherche de points de rencontre de droites et de plans. Cette méthode, très-simple en théorie, est beaucoup plus compliquée que celle qui a été donnée précédemment (86) quand on passe à la pratique; car rien n'indique *à priori* quelles sont les arêtes et les faces qui donnent des sommets utiles de l'intersection, et, ces sommets supposés obtenus, on voit difficilement dans quel ordre il faut les joindre; nous allons cependant donner un exemple dans lequel cette méthode conduit simplement au résultat. Dans cet exemple, l'ordre des constructions indique quels sont les sommets successifs de l'intersection.

Soient $sabc$, $s'a'b'c'$ (fig. 75) les projections d'une pyramide et $mnr\,\mu\nu\rho$, $m'n'r'\,\mu'\nu'\rho'$ celles d'un prisme triangulaire donnés. Nous remarquerons que toutes les arêtes de la pyramide passent par un point fixe $s.s'$ et que toutes les arêtes du prisme sont parallèles à une direction déterminée $m\mu.m'\mu'$. Alors pour déterminer les points de rencontre de ces arêtes avec les différentes faces, au lieu d'employer comme plans auxiliaires des plans projetants de ces arêtes, nous prendrons des plans passant par le sommet de la pyramide et parallèles aux arêtes du prisme; de cette manière, ces plans contiendront tous la parallèle $s\sigma.s'\sigma'$ menée par $s.s'$ à $m\mu.m'\mu'$, et leurs traces horizontales passeront toutes par un point fixe σ, trace horizontale de cette parallèle. Chaque plan auxiliaire mené par une arête quelconque a sa trace horizontale, qui contient d'ailleurs la trace horizontale de cette arête. On joindra donc le point σ successivement aux traces de toutes les arêtes à mesure qu'elles se rencontrent dans un sens déterminé en partant d'un sommet extrême; on a ainsi les traces σb, $\sigma \rho$, $\sigma \mu$, σa, $\sigma \nu$, σc. σb ne rencontre pas la base du prisme, le plan correspondant à $sb.s'b'$ ne rencontre pas la surface latérale du prisme; il n'y a pas de point de rencontre situé sur cette arête. On voit de même qu'il n'y en a pas de situé sur l'arête $sc.s'c'$. On remarquera au contraire que la trace $\sigma \rho$, $\sigma \mu$, $\sigma \nu$ de chaque plan mené par une arête du prisme rencontre en deux points la base de la pyramide, et par suite chaque arête du prisme rencontre en deux points la surface latérale de la pyramide. L'intersection présente donc une pénétration de la pyramide par le prisme. Tous les points d'entrée sont situés sur la face $sbc.s'b'c'$ et forment un triangle; les points de sortie sont situés sur les deux autres faces, et, comme l'arête $sa.s'a'$ rencontre le prisme en deux points, on obtient cinq sommets pour la ligne polygonale de sortie. En appliquant les constructions générales, $\rho r.\rho'r'$ coupe $sba.s'b'a'$ en $\alpha.\alpha'$; $m\mu.m'\mu'$ coupe cette même face en $\beta.\beta'$; la face $mr\mu\rho.m'r'\mu'\rho'$ du prisme coupe donc la face $sab.s'a'b'$ de la pyramide suivant $\alpha\beta.\alpha'\beta'$. L'arête $sa.s'a'$ de la pyramide coupe en $\delta.\delta'$ la face $m\mu n\nu.m'\mu'n'\nu'$ du prisme, et, par suite, la face $sab.s'a'b'$ de la pyramide coupe cette face suivant $\alpha\delta.\alpha'\delta'$. La même arête $sa.s'a'$ de la pyramide coupe en $r.r'$ la face $rn\rho\nu.r'n'\rho'\nu'$ du prisme, et la face $sab.s'a'b'$ coupe cette face suivant $\alpha\varepsilon.\alpha'\varepsilon'$. Enfin l'arête $n\nu.n'\nu'$ du prisme perce en $\gamma.\gamma'$ la face $sac.s'a'c'$ de la pyramide, et les deux faces du prisme menées par $n\nu.n'\nu'$ coupent $sac.s'a'c'$ suivant $\delta\gamma.\delta'\gamma'$ et $\varepsilon\gamma.\varepsilon'\gamma'$. L'intersection cherchée est donc $\alpha\beta\delta\gamma\varepsilon.\alpha'\beta'\delta'\gamma'\varepsilon'$.

PROBLÈME.

98. **8°** *Mener par un point A une droite qui s'appuie sur deux droites données B et C (fig. 76).*

Si l'on fait passer un plan par le point A et la droite B, puis un second plan par le point A et la droite C, l'intersection EAD de ces deux plans est la droite cherchée, car elle est située dans un même plan avec chacune des droites B et C, et elle passe par le point A.

Pour que le problème soit possible, il faut que la droite d'intersection ne soit parallèle à aucune des droites A et C.

Dans la pratique, on joint le point A à un point quelconque M de l'une des deux droites, B par exemple ; on cherche le point D où le plan de ces deux droites est rencontré par la seconde droite donnée C ; DA est la droite demandée, car elle est située dans un même plan avec B, elle rencontre C et passe par A.

Pour que le problème soit possible, il faut que C ne soit pas parallèle au plan déterminé par A et B, et que dans ce plan la droite menée par A et le point D de rencontre ne soit pas parallèle à B.

EXÉCUTION. Soient a, a' (fig. 76) les projections du point, B, B' et C, C' celles des droites données ; joignons $a \cdot a'$ à un point quelconque $m \cdot m'$ de B.B'; les droites $ma \cdot m'a'$ et B.B' déterminent un plan que C.C' rencontre au point $d \cdot d'$ (32) ; la droite $dae \cdot d'a'e'$ satisfait à la question.

PROBLÈME.

99. **9°** *Mener une droite parallèle à une droite donnée A et qui s'appuie sur deux droites données B et C (fig. 77).*

Si par la droite B on mène un plan parallèle à A, puis par la droite C un plan parallèle à A, l'intersection de ces deux plans est la droite demandée, car elle est parallèle à A et elle est située dans un même plan avec chacune des droites B et C.

Pour que le problème soit possible, il faut que les deux plans parallèles à A ne soient pas parallèles entre eux.

Dans la pratique, on mène une parallèle à la droite A par un point quelconque M de l'une des droites données, B par exemple. On cherche le point D où le plan de ces deux droites est rencontré par C; la parallèle DE menée par D à A est la droite demandée, car elle est située dans un même plan avec B et elle rencontre C.

Pour que le problème soit possible, il faut que C ne soit pas parallèle au plan mené par B parallèlement à A et que A ne soit parallèle à aucune des deux droites données.

EXÉCUTION. Soit A.A′ (fig. 77) la droite à laquelle il faut mener une parallèle s'appuyant sur B.B′ et C.C′; par un point quelconque m.m′ de B.B′ menons une parallèle mn.m′n′ à A.A′; le plan déterminé par mn.m′n′ et B.B′ est rencontré par C.C′ en un point d.d′; la parallèle de.d′e′ menée par ce point à la droite A.A′ satisfait à la question.

SEPTIÈME LEÇON

DROITES ET PLANS PERPENDICULAIRES

THÉORÈME.

100. *Si une droite AB (fig. 78) est perpendiculaire à un plan MCD, la projection BE de la droite et la trace CD du plan sur un plan quelconque de profection PQ sont perpendiculaires entre elles.*

En effet, le plan projetant ABE de la droite, étant mené suivant AB perpendiculaire au plan MCD, est perpendiculaire à ce plan, il est aussi perpendiculaire au plan PQ ; il est donc perpendiculaire à leur intersection CD ; donc CD est perpendiculaire à ce plan projetant et par suite à BE, qui passe par son pied E dans ce plan.

RÉCIPROQUE.

101. *Si les projections ab, a'b' (fig. 79) d'une droite sont respectivement perpendiculaires aux traces P_z, P_{z_1} d'un plan P_zP_1 sur deux plans de projection, la droite et le plan sont perpendiculaires entre eux.*

En effet, P_z est perpendiculaire au plan vertical projetant de la droite; PzP$_1$ mené suivant Pz est donc perpendiculaire à ce plan projetant; on verrait de même que PzP$_1$ est perpendiculaire au plan qui projette la droite sur le plan vertical. Étant perpendiculaire aux deux plans projetants de la droite, il est perpendiculaire à leur intersection, c'est-à-dire à la droite elle-même.

THÉORÈME.

102. *Si un angle droit* BAC (fig. 80) *a l'un de ses côtés* AB *parallèle à un plan* MN, *il se projette sur ce plan en vraie grandeur.*

En effet, toutes les perpendiculaires à AB menées par le sommet A sont dans un même plan perpendiculaire à AB et par suite au plan MN; elles se projettent donc sur MN suivant la trace du plan, trace qui est perpendiculaire à la projection *ab* de AB (100).

THÉORÈME.

103. *Pour qu'un angle droit se projette en vraie grandeur sur un plan, il faut qu'un au moins de ses côtés soit parallèle au plan.*

Soit BAC un angle droit (fig. 80) projeté en vraie grandeur suivant *bac* sur un plan MN; si AC n'est pas parallèle à MN, il faut que AB le soit. En effet, la droite AB perpendiculaire à AC est située dans le plan perpendiculaire à AC mené par le point A; ce plan a sa trace sur MN perpendiculaire à *ac* et par suite à *ab*, projection de AB; AB est donc l'intersection de deux plans menés suivant deux droites parallèles situées dans le plan MN; elle est donc parallèle à ce plan.

PROBLÈME.

104. *Trouver la distance d'un point* o . o′ *(fig. 81) à un* *plan* P z P₁ *déterminé par ses traces.*

PREMIÈRE SOLUTION. On abaisse du point o . o′ la perpendiculaire oa . o′a′ sur le plan, on détermine le point b . b′ de rencontre de cette perpendiculaire et du plan, et l'on cherche la vraie grandeur o′B de la droite qui joint le point donné au pied de la perpendiculaire.

AUTRE SOLUTION. Si par le point donné O (fig. 82) on mène un plan MBC perpendiculaire au plan PP₁, et si dans le plan MBC on mène OD perpendiculaire à l'intersection BC des deux plans, OD est la distance cherchée.

Soient o . o′ (fig. 83) et PzP₁ le point et le plan donnés ; menons par o . o′ le plan vertical oav′ perpendiculaire à P z et par suite à P z P₁ ; pour trouver la distance de o . o′ à l'intersection des deux plans, rabattons le plan vertical oav′ autour de sa trace horizontale oa ; la trace verticale y′ de l'intersection vient en v₁ sur une perpendiculaire menée de a sur oa à la distance av₁ = av′ ; la trace horizontale h reste immobile, l'intersection est donc rabattue en hv₁. Le point o . o′ situé dans ce plan se rabat sur la perpendiculaire oO à ao à la distance oO = ωo′. La perpendiculaire cherchée est alors rabattue en vraie grandeur suivant la perpendiculaire OD menée de O sur hv₁.

On peut déduire facilement de cette construction les projections d, d′ du pied de la perpendiculaire; car la perpendiculaire Dd, menée de B sur la trace oa, devient une verticale quand le plan auxiliaire reprend sa position première; il est donc la projection horizontale du pied de la perpendiculaire sur le plan horizontal, et Dd mesure la distance de ce point au plan horizontal.

PROBLÈME.

105. *Mener par un point donné* $d.d'$ *(fig. 83) d'un plan* P_2P_1 *figuré par ses traces une perpendiculaire de longueur donnée* l *à ce plan.*

Le plan vertical projetant de la perpendiculaire menée à P_2P_1 par $d.d'$ coupe ce plan suivant une droite rabattue en hv_1, le point $d.d'$ est rabattu en D sur hv_1 et la perpendiculaire demandée, qui est située dans ce plan, est rabattue suivant la perpendiculaire $DO = l$ à l'intersection. O est le rabattement de l'extrémité de la perpendiculaire demandée. Si l'on relève le plan, la perpendiculaire Oo, menée de O sur la charnière, devient une verticale et Oo mesure la distance du point O au plan horizontal. On en déduit les projections o, o' de l'extrémité de la perpendiculaire demandée.

Le problème admet deux solutions, car on peut porter la longueur l de part et d'autre du point D sur la perpendiculaire à hv_1.

PROBLÈME.

106. *Déterminer la distance d'un point* $o.o'$ *à un plan donné par trois points* $a.a'$, $b.b'$, $c.c'$ *(fig. 84).*

Menons par le point $o.o'$ un plan vertical perpendiculaire au plan des trois points. Pour cela construisons l'horizontale du plan qui passe par un des points donnés $a.a'$; cette horizontale a sa projection verticale $a'm'$ parallèle à la ligne de terre; elle rencontre la droite $bc.b'c$ du plan en un point projeté verticalement en m', horizontalement en m; am est donc la projection horizontale de l'horizontale cherchée du plan; le plan vertical mené par $o.o'$ perpendiculairement à cette horizontale est perpendiculaire au plan des trois points; ce plan a pour trace horizontale op perpendiculaire à am. Si l'on rabat ce plan autour de son intersection avec le plan horizontal $a'm'$ [1], le point $p.p'$ du plan des trois points situé sur la charnière ne bouge pas; un second point $d.d'$ de ce plan, pris sur bc . $b'c'$ et situé à une hauteur $\delta d'$ au-dessus du plan horizontal $a'm'$, se rabat sur une perpendiculaire dd_1 à op, à une distance $dd_1 = d\delta$; l'intersection du plan auxiliaire et du plan des trois points est donc rabattue suivant pd_1. Le point $o.o'$ se rabat de même en o_1 sur la perpendiculaire oo_1 élevée sur op à la distance $oo_1 = \omega o$ du point au plan horizontal $a'm'$. La perpendiculaire $o_1 g_1$, abaissée de o_1 sur pd_1, est la vraie grandeur de la distance du point $o.o'$ au plan des trois points.

Il est facile de construire les projections g, g' du pied de la perpendiculaire, dont la distance $g_2 g$ au plan horizontal $a'm'$ est connue; on a, par suite, les projections og, $o'g'$ de la perpendiculaire elle-même.

PROBLÈME.

107. *Mener par un point donné* $g.g'$ (fig. 84), *situé dans le*

---

[1] Si le lecteur éprouve quelque difficulté pour effectuer le rabattement indiqué, il pourra l'effectuer d'abord autour de la trace dp du même plan vertical sur le plan horizontal de projection. Dans ce cas, les distances à porter sur les perpendiculaires à dp sont égales aux distances des projections verticales à xy. La construction indiquée ne diffère de celle-là qu'en ce que toutes les distances des points considérés au plan horizontal sont diminuées de la même quantité.

Sur notre épure, la figure tracée sur le plan horizontal représente non le rabattement réel, mais la projection en vraie grandeur de ce rabattement.

plan de trois points $a.a'$, $b.b'$, $c.c'$, *une perpendiculaire de longueur donnée* l *à ce plan.*

Menons par $a.a'$ l'horizontale $am.a'm'$ du plan (106) ; le plan vertical projetant de la perpendiculaire menée par $g.g'$ a pour trace horizontale gp perpendiculaire à am. Rabattons ce plan sur le plan horizontal de $am.a'm'$, en le faisant tourner autour de la droite de ce plan projetée en gp ; le point p reste immobile, le point $g.g'$ se rabat en g_1 sur la perpendiculaire gg_1 menée par g à la distance $g_1 g = g'\gamma$ du point $g.g'$ au plan horizontal du rabattement. L'intersection du plan donné avec le plan auxiliaire est rabattue en $g_1 p$, et la perpendiculaire demandée suivant $g_1 o_1$ perpendiculaire à $g_1 p$ et égale à l. Le pied o de la perpendiculaire abaissée de o_1 sur gp est la projection horizontale de l'extrémité de la perpendiculaire cherchée, et $o_1 o$ la distance de cette extrémité au plan horizontal du rabattement $\omega o' = o o_1$.

Remarque. — Le point donné a été pris dans le plan (65). On a vu précédemment comment on prend les projections d'un point de manière qu'il satisfasse à cette condition. Si le point était donné hors du plan, on opérerait de la même manière ; seulement on serait obligé de déterminer le rabattement de l'intersection du plan donné avec le plan vertical projetant de la perpendiculaire au moyen d'un second point de l'intersection. On joindra pour cela deux des points et l'on prendra le point de rencontre de cette droite avec le plan vertical qu'on rabat.

PROBLÈME.

108. *Déterminer la distance de deux plans parallèles*

Si l'on coupe les deux plans parallèles par un troisième

qui leur soit perpendiculaire, la distance des deux intersections est la distance cherchée.

Soient $P\alpha P_1$, $Q\beta Q$ (fig. 85) les plans donnés. Coupons ces deux plans par un plan vertical bac qui leur est perpendiculaire; l'intersection de ce plan et de $P\alpha P_1$ est rabattue comme dans le problème précédent suivant hv_1; l'intersection du même plan sécant et de $Q\beta Q_1$ est rabattue suivant kl parallèle à hv_1; la distance EF de ces deux parallèles est la distance cherchée.

PROBLÈME.

109. *Mener à un plan donné* $P\alpha P_1$ *(fig. 85) un plan parallèle à une distance donnée* d.

Si l'on coupe $P\alpha P_1$ par un plan vertical bac qui lui est perpendiculaire et si l'on rabat ce plan autour de sa trace horizontale ba, l'intersection devient hv_1; le plan demandé est coupé par ce même plan sécant suivant une droite rabattue en kl parallèle à hv_1 à la distance donnée *d*; la trace horizontale k de cette droite est un point de la trace horizontale cherchée. Les traces de ce plan sont d'ailleurs parallèles à celles du plan donné; il est donc déterminé.

Le problème admet toujours deux solutions.

PROBLÈME.

110. *Déterminer la distance d'un point à une droite.*

On mène par le point un plan perpendiculaire à la droite, on détermine le point où la droite donnée perce le plan et l'on joint ce point au point donné; la droite ainsi menée est perpendiculaire à la droite donnée et mesure la distance du point à la droite.

Soient $ab.a'b'$ et $m.m'$ la droite et le point donnés (fig. 86); déterminons le plan perpendiculaire à $ab.a'b'$ au moyen des deux droites $mc.m'c'$, $md.m'd'$ menées du point $m.m'$ respectivement parallèles aux traces de ce plan; la droite $ab.a'b'$ perce le plan de ces deux droites en $g.g'$; la droite $gm.g'm'$ est la perpendiculaire demandée, et la vraie grandeur $m'g'_1$ de cette droite mesure la distance du point $m.m'$ à la droite $ab.a'b'$.

Nous indiquerons plus loin une autre solution de ce même problème.

PROBLÈME.

111. *Déterminer la distance de deux droites.*

Si une droite C est perpendiculaire à une droite A, C est parallèle à tout plan perpendiculaire à A, car on peut considérer C comme située dans un plan perpendiculaire à A.

La distance de deux droites, mesurée par leur perpendiculaire commune, est donc parallèle à deux plans perpendiculaires quelconques à ces deux droites et par suite à leur intersection. Il suffit donc pour résoudre le problème de mener deux plans quelconques perpendiculaires aux deux droites données, de construire l'intersection de ces plans et de mener à l'intersection une parallèle s'appuyant sur les deux droites données (95).

Exécution. Soient $A.A'$ et $B.B'$ (fig. 87) les droites données; soient PzP_1 un plan perpendiculaire à $A.A'$, $Q3Q_1$ un plan perpendiculaire à $B.B'$; l'intersection $cd.c'd'$ de ces deux plans est parallèle à la droite cherchée; on mènera (95) une parallèle à $cd.c'd'$ s'appuyant sur $A.A'$ et $B.B'$; soit $mn.m'n'$ cette parallèle; $mn.m'n'$ est la perpen-

diculaire commune aux deux droites A . A′ et B . B′ ; la vraie
grandeur de cette perpendiculaire projetée verticalement
en m'N est la plus courte distance cherchée.

On peut dans certains cas résoudre ce problème d'une
manière plus simple à l'aide du théorème suivant.

THÉORÈME.

112. *Si une droite A (fig. 88) est perpendiculaire à un
plan de projection MN, la perpendiculaire commune DE à
cette droite et à une droite quelconque B se projette suivant
d e en vraie grandeur sur ce plan ; cette projection passe par
le pied d de A et elle est perpendiculaire à la projection Cb
de la seconde droite B.*

En effet, DE étant perpendiculaire à A est parallèle à
MN et par suite se projette en vraie grandeur sur ce plan.
La droite B perpendiculaire à DE, qui est parallèle au
plan MN, se projette sur ce plan suivant une perpendiculaire à la projection *ed* de DE (102) ; DE, qui rencontre A,
a d'ailleurs sa projection qui passe par la projection *d*
de A.

REMARQUE. D'après cela, quand une des droites données A
sera parallèle à l'un des plans de projection, il sera facile d'obtenir la plus courte distance demandée, car il
suffira de projeter les deux droites sur un plan perpendiculaire à A ; on aura immédiatement la plus courte
distance projetée en vraie grandeur sur ce plan auxiliaire.

PROBLÈME.

113. *Déterminer la plus courte distance de deux droites* *dont l'une est la ligne de terre et dont l'autre* A.A′ *est quelconque* (fig. 89).

Projetons les deux droites sur un plan PP_1 perpendiculaire à la ligne de terre et mené par la trace horizontale h de A.A′. La ligne de terre est projetée en ω sur ce plan; un point $m.m′$ de A.A′ se projette en $m″$ et par suite la droite A.A′ est projetée suivant $hm″$; la plus courte distance cherchée est donc projetée en vraie grandeur sur ce plan suivant la perpendiculaire ωD menée du point ω sur $hm″$. Le point D a pour projections d, $d′$ sur A.A′; les projections de la plus courte distance sont donc od, $od′$.

PROBLÈME.

114. *Mener par une droite un plan perpendiculaire à un plan donné.*

Il suffit de mener par un point quelconque de la droite une perpendiculaire au plan donné et de concevoir un plan passant par la droite donnée et cette perpendiculaire.

HUITIÈME LEÇON

115. Nous avons vu (56-41) comment on détermine la vraie grandeur d'une figure plane lorsque le plan de cette figure est perpendiculaire à l'un des plans de projection ; nous allons voir comment on peut résoudre la même question quand le plan de la figure a une position quelconque.

SOLUTION GÉNÉRALE DU PROBLÈME DES RABATTEMENTS.

116. On donne un plan quelconque MN (fig. 90) et un plan horizontal PQ qui coupe MN suivant AB ; on demande ce que devient un point O de MN lorsqu'on fait tourner ce plan autour de AB de manière à le faire coïncider avec le plan horizontal PQ.

Menons Oo perpendiculaire sur PQ, et du pied o une perpendiculaire oC sur la charnière AB, joignons CO ; d'après le théorème des trois perpendiculaires, CO est perpendiculaire à AB ; si donc on fait tourner MN autour de AB, OC restera perpendiculaire à AB, et le point O se placera sur la direction de la perpendiculaire Co à une distance O_1C de C égale à OC.

Si la figure est représentée en projections, Oo hauteur du point O au-dessus du plan horizontal PQ est donnée par la distance de sa projection verticale à la trace verticale du plan PQ ; Co est donné en vraie grandeur sur le plan horizontal de projection par la distance de la projection horizontale du point O à la projection horizontale de la charnière AB ; on a donc sur les projections les éléments suffisants pour construire le triangle OoC et par suite pour effectuer le rabattement.

Pour construire ce triangle d'une manière simple, on le rabat d'abord autour de oC sur le plan horizontal PQ ; on élève pour cela oO_2 perpendiculaire à Co et égale à Oo, et l'on joint CO_2. Pour achever le rabattement il suffit de décrire un arc de cercle du point C comme centre, avec CO_2 pour rayon, et de prendre le point de rencontre O_1 de cet arc avec la direction oC.

Le plan PQ étant horizontal, toutes les figures tracées dans ce plan se projettent en vraie grandeur sur le plan horizontal de projection.

On peut remarquer dans le triangle OCo que l'angle OCo est l'angle plan qui mesure l'angle dièdre formé par MN et un plan horizontal PQ ; cet angle est le même, quelle que soit la position du point O. Cette remarque permet de simplifier les constructions pour les rabattements des points du plan, quand on a obtenu le rabattement de l'un d'eux. Elle permet aussi de revenir de la position d'un point O_1 donné en rabattement à sa position réelle dans le plan MN, car dans le plan vertical mené par O_1C le triangle COo est déterminé par l'hypoténuse $OC = O_1C$, et l'angle aigu OCo que fait le plan MN avec un plan horizontal.

Le rabattement peut se faire des deux côtés de la charnière ; pour que la lecture des constructions soit plus facile, il convient de l'effectuer du côté de l'angle obtus formé par MN avec le plan PQ, à moins que l'on ne soit gêné par les limites de l'épure.

RABATTEMENT D'UN POINT.

117. Exécution. Soient o, o' (fig. 91) les projections d'un point et $ab, a'b'$ les projections d'une horizontale qui avec le point $o.o'$ détermine un plan ; rabattons ce plan autour de $ab.a'b'$, et cherchons le rabattement du point $o.o'$ quand le plan est devenu horizontal.

D'après ce qui a été dit précédemment (116), ce point se rabat sur la perpendiculaire oc à la charnière, à une distance du pied c égale à l'hypoténuse d'un triangle rectangle ayant oc pour un des côtés de l'angle droit et pour l'autre la hauteur $c\omega$ du point $o'.o'$ au-dessus du plan horizontal $a'b'$ sur lequel s'effectue le rabattement. Ce triangle a été rabattu autour de oc en oO_2c sur le plan horizontal de la charnière ; cO_2 est la distance à porter sur le prolongement de oc à partir d'un point c.

Pour un autre point du plan projeté horizontalement en g on obtiendra le rabattement G_1, en se servant du triangle glG_2 construit avec le côté gl de l'angle droit et l'angle aigu $glG_2 = ocO_2$. Cette construction permet de se passer de la projection verticale g' du point considéré, et donne le moyen de la construire si elle n'est pas donnée, car le point est à une hauteur égale à G_2g au-dessus du plan horizontal $a'b'$.

On peut aussi obtenir le rabattement du point $g.g'$ au moyen de l'horizontale du plan qui passe par ce point ; soit g_1 la projection horizontale du point de rencontre de cette horizontale avec le plan vertical O_1co, dans lequel se meut le point $o \cdot o'$ déjà rabattu ; le point du plan projeté en g_1 se rabat en G'_1, et l'horizontale elle-même, suivant $G'_1 G_1$ parallèle à ab ; le point G_1, où cette parallèle est rencontrée par la perpendiculaire g/G_1 menée de g sur ab, est le rabattement du point $g \cdot g'$.

Quand les points à rabattre sont nombreux, cette construction permet de débarrasser la figure d'un grand nombre de lignes qui gènent la lecture ; le plan vertical O_1o peut d'ailleurs être mené par un point quelconque de la charnière.

Si l'on joint les extrémités $O_1 O_2$, $g'G'_1$, ..., des arcs qui servent aux rabattements, on voit que toutes ces cordes sont parallèles ; on peut se servir de cette considération pour éviter de construire les arcs de cercle ; un seul suffira pour déterminer le premier point du rabattement, les autres points pourront être déterminés au moyen de parallèles menées à la corde de ce premier arc. Toutefois cette construction devra être rejetée quand les points du rabattement seront donnés par des droites se coupant sous des angles trop aigus.

Remarque. Les points du plan situés de différents côtés du plan horizontal sur lequel se fait le rabattement doivent être rabattus de côtés différents de la charnière ; ainsi le point $f \cdot f'$, situé au-dessus de $a'b'$, a son rabattement F_1 situé de l'autre côté de ab par rapport à O_1.

Il n'y aura pas d'erreur possible, lors même que les projections verticales des points ne seraient pas données, si l'on remarque que les points situés de côtés différents du plan horizontal $a'b'$ ont leurs projections horizontales situées de côtés différents de la projection horizontale ab de la charnière.

RABATTEMENT D'UNE DROITE.

118. Pour obtenir le rabattement d'une droite du plan, on cherche les rabattements de deux points de cette droite et l'on mène la droite qui passe par les deux points rabattus.

Quand la droite rencontre la charnière, le point de rencontre ne bouge pas dans le rabattement; il suffit donc de le joindre à un autre point quelconque rabattu.

Soit $mo \cdot m'o'$ (fig. 92) une droite qui rencontre la charnière en $m \cdot m'$; soit O_1 le rabattement d'un point $o \cdot o'$ de la droite, $m\,O_1$ est le rabattement cherché.

PROBLÈME INVERSE DU RABATTEMENT.

119. *Étant donné le rabattement d'un point d'un plan, déterminer les projections de ce point quand on remet ce plan dans sa position première.*

Soient $ab \cdot a'b'$ (fig. 91) l'horizontale qui sert de charnière et O_1 le rabattement d'un point d'un plan qui fait avec le plan horizontal un angle donné α. Menons O_1c perpendiculaire à ab (116), puis cO_2 faisant avec le prolongement de O_1c l'angle $oc\,O_2$ égal à α; prenons sur cette droite $cO_2 = cO_1$ et abaissons O_2o perpendiculaire sur O_1c; o est le pied de la verticale menée par le point O et par suite représente la projection horizontale du point cherché; la projection verticale o' de ce point s'obtient en prenant sur la perpendiculaire menée de o à la ligne de terre une longueur $\omega o'$ égale à oO_2 au-dessus de la trace $a'b'$ du plan horizontal de rabattement.

120. *Étant donné le rabattement d'une droite d'un plan, déterminer ses projections.*

Pour relever une droite, il suffit de chercher les projections de deux de ses points et de joindre ces projections.

Quand la droite rencontre la charnière dans les limites de l'épure, on prend pour l'un de ces points le point de rencontre, qui ne bouge pas dans le mouvement du plan.

Soit mO_1 (fig. 92) le rabattement de la droite. Un point O_1 de la droite donne les projections o, o' (119), le point de rencontre avec la charnière a sa projection verticale m' sur $a'b'$; mo, $m'o'$ sont les projections de la droite rabattue suivant mO_1.

121. OBSERVATIONS. Dans la pratique on détermine le plus souvent les projections des points donnés en rabattement au moyen de droites du plan qui passent par ces points et pour lesquelles il est facile de déterminer les projections; il suffit alors pour chaque point de mener par son rabattement une perpendiculaire à la charnière jusqu'au point de rencontre avec la projection horizontale d'une droite sur laquelle il se trouve; on a ainsi sa projection horizontale. Sa projection verticale est située sur la projection verticale de la même droite.

Si l'on a à relever un certain nombre de points, on emploie souvent avec avantage les horizontales du plan qui passent par ces points.

Soit, par exemple, un plan déterminé par un point $o.o'$ et une horizontale $ab.a'b'$ (fig. 93); le point $o.o'$ se rabat en O_1 (117). — Soient C_1, D_1, E_1 des points donnés en rabattement et dont on demande les projections; les horizontales du plan qui passent par ces points sont rabattues suivant les parallèles C_1C_2, D_1D_2, E_1E_2 à la charnière ab; les points C_2, D_2, E_2, où ces horizontales rencontrent le plan

vertical qui a servi au rabattement du point $o.o'$, étant
relevés, donnent les projections horizontales c_2, d_2, e_2 (117);
les horizontales du plan qui passent par ces points sont
projetées horizontalement suivant cc_2, dd_2, ee_2 parallèles
à *ab;* on obtient alors facilement les projections horizontales c, d, e des points C_1, D_1, E_1 qui sont situés sur ces
droites. On en déduit les projections verticales, car on
connait les distances $c_2\gamma$, $d_2\delta$, $e_2\varepsilon$ de ces points au plan
horizontal de *ab. a'b'.*

Au lieu de décrire les arcs de cercle qui servent à relever les différents points, on peut, comme précédemment
(117), ne décrire que l'arc qui sert à relever l'un d'eux
et obtenir les extrémités des autres arcs au moyen de parallèles à la corde qui sous-tend le premier.

122. Au lieu d'employer les horizontales d'un plan
pour effectuer les rabattements ou les relèvements d'un
point, on peut employer avec avantage les droites du plan
qui sont parallèles au plan vertical. Il suffit de construire
pour un point du plan connu en projection et en rabattement les deux projections, et le rabattement de la parallèle qui passe par le point. Ces directions connues
permettent de passer instantanément d'une projection
d'un point du plan au rabattement, et du rabattement
aux deux projections.

NEUVIÈME LEÇON

PROBLÈME.

123. *Déterminer l'angle de deux droites.*

On appelle angle de deux droites A et B, qui ne se
coupent pas, l'angle formé par l'une d'elles A et une parallèle à B menée par un des points de A ; on est donc
toujours ramené à déterminer l'angle de deux droites qui
se coupent.

Soient $ab.a'b'$, $ac.a'c'$ (fig. 95) deux droites qui se
coupent en $a.a'$. Pour construire l'angle de ces droites,
nous rabattrons le plan qu'elles déterminent autour
d'une horizontale quelconque mn. $m'n'$ de ce plan, de
manière à le rendre horizontal; le point $a.a'$ se rabat
en A_1 et les droites données suivant mA_1, nA_1 ; l'angle mA_1n de ces droites rabattues est l'angle cherché.

124. Si l'on veut construire les projections de la bissectrice de l'angle de deux droites, on mènera la bissectrice A_1d de l'angle rabattu en mA_1n; le point A relevé a

pour projections a, a'; le point d où la bissectrice rencontre la charnière a pour projections d, d'; $ad, a'd'$ sont donc les projections de la bissectrice cherchée

CAS PARTICULIER OU L'UNE DES DROITES DONNÉES EST HORIZONTALE.

125. Si l'une des droites données $ab . a'b'$ (fig. 95) est horizontale, on rabat le plan des deux droites autour le cette horizontale même; un point $c . c'$ de $ac . a'c'$ se rabat en C, la droite $ac . a'c'$ se rabat suivant aC; baC est l'angle demandé.

Pour obtenir les projections de la bissectrice de l'angle des deux droites, on mènera la bissectrice aD de l'angle baC en rabattement; on déterminera par le procédé général (119) les projections d, d' d'un de ses points rabattu en D; $ad, a'd'$ sont les projections de cette bissectrice.

PROBLÈME.

126. *Mener par un point* a . a′ *une droite qui fasse avec une droite donnée* bc . b′c′ *un angle donné* α (fig. 96).

Construisons l'horizontale $am . a'm'$ du plan déterminé par le point et la droite et faisons tourner le plan autour de cette horizontale; le point $a . a'$ reste immobile; il en est de même du point $m . m'$ de la droite donnée; un second point $o . o'$ de cette même droite se rabat en O_1; la droite $bc . b'c'$ est donc rabattue suivant mO_1; menons par a la droite aD_1 qui fasse avec mO_1 l'angle donné α: cette droite aD_1 est le rabattement de la droite cherchée; le point D_1 relevé a ses projections d, d' situées sur $bc . b'c'$: la droite $ad . a'd'$ est donc la droite cherchée.

Le problème admet deux solutions; une seule a été construite sur la figure.

PROBLÈME.

127. *Mener d'un point* a . a' *une perpendiculaire sur une droite donnée* bc . b'c' (fig. 97).

Le problème est le même que le précédent, dans lequel l'angle donné α est droit. Nous avons répété les constructions dans ce cas particulier.

PROBLÈME.

128. *Construire l'angle d'une droite et d'un plan.*

L'angle d'une droite AB et d'un plan MN (fig. 98) est l'angle aigu ABa que cette droite fait avec sa projection Ba sur ce plan. Si d'un point quelconque C de AB on abaisse une perpendiculaire CD sur MN, on voit que dans le triangle rectangle CBD l'angle BCD est le complément de l'angle cherché CBD. Il suffit donc, pour résoudre le problème, d'abaisser une perpendiculaire d'un point quelconque de la droite sur le plan, de chercher l'angle aigu que fait cette perpendiculaire avec la droite et de prendre le complément de cet angle.

Soient PαP$_1$ le plan et ab . $a'b'$ la droite donnés (fig. 99). Par un point quelconque c . c' de ab . $a'b'$, menons la perpendiculaire ce . $c'e'$ au plan PαP$_1$; l'angle formé par cb . $c'b'$ et cette perpendiculaire est rabattu suivant mC_1e (123); le complément eC_1d de cet angle est l'angle demandé.

PROBLÈME.

129. *Construire l'angle de deux plans.*

Si d'un point O (fig. 100), pris dans l'intérieur d'un angle dièdre MABN, on abaisse des perpendiculaires OC, OD sur les deux faces, l'angle COD de ces perpendiculaires est le supplément de l'angle plan CED, qui mesure l'angle dièdre MABN. On peut donc ramener la question proposée à la recherche de l'angle de deux droites.

On peut aussi résoudre le problème de la manière suivante : on coupe les deux plans par un plan quelconque perpendiculaire à leur intersection ; l'angle formé par les droites suivant lesquelles le plan sécant coupe les plans donnés est l'angle cherché.

Soient MAB, NAB deux plans donnés (fig. 101), MA, NA leurs traces sur le plan horizontal PQ, et A*b* la projection de leur intersection sur ce plan. Si l'on mène un plan quelconque FEG perpendiculaire à cette intersection, la trace horizontale FG de ce plan sera perpendiculaire à A*b* (100). Si l'on joint le point C de rencontre de FG et A*b* au point E, où le plan FEG est percé par l'intersection AB des plans donnés, la droite EC sera perpendiculaire à la fois aux deux droites AB et FG : à la première, parce qu'elle est située dans le plan EFG mené perpendiculairement à AB ; à la seconde, parce que FG, situé dans le plan horizontal de projection et perpendiculaire à A*b*, est perpendiculaire au plan vertical projetant AEC, dans lequel est situé EC. Si donc on rabat le triangle EFG autour de FG, le sommet E se placera sur la direction A*b*, à une distance de C égale à la hauteur EC du triangle FEG, hauteur qui est la distance du point C à l'intersection AB des deux plans.

CONSTRUCTION. Soient PαP$_1$, QβQ$_1$ (fig. 102) les plans donnés, et *ab* la projection horizontale de leur intersection.

Soit FG perpendiculaire en C à *ab* la trace horizontale
d'un plan perpendiculaire à l'arête. Appelons E le point
où ce plan rencontre l'arête ; si l'on rabat le triangle FEG
de l'espace autour de FG, le sommet E se rabattra sur C*a*
à une distance CE_1 de C égale à la distance CE de ce point
à l'arête. Pour déterminer cette distance, on fait tourner
le plan vertical projetant de l'arête autour de *ab*, cette
arête rabattue devient ab_1 et la distance CE de l'espace est
rabattue en vraie grandeur suivant la perpendiculaire CE_2
abaissée de C sur ab_1 ; en portant cette longueur CE_2 de C
en E_1 sur C*a* et joignant $E_1 F$, $E_1 G$, on a l'angle plan $FE_1 G$
qui est l'angle demandé.

Au lieu de déterminer le rabattement du triangle $FE_1 G$
au moyen de la hauteur CE_1, on peut le rabattre au
moyen de l'un de ses côtés FE_1, GE_1, qui sont dans les
deux plans donnés les distances des points F et G à l'intersection.

130. Si l'on veut construire le plan bissecteur de
l'angle dièdre, on remarquera que ce plan coupe le plan
FEG perpendiculaire à l'arête suivant la bissectrice de
l'angle E (fig. 102). Cette bissectrice rabattue en $E_1 K$ a
pour trace horizontale le point K, où elle rencontre FG ;
ce point K est donc un point de la trace horizontale du
plan bissecteur ; ce plan contient aussi l'intersection des
deux plans donnés et par suite ses traces passent par les
traces *a* et *b'* de cette intersection ; *a*Kγ*b'* est donc le plan
cherché.

Si le point de rencontre de la trace horizontale du plan
bissecteur et de la ligne de terre était en dehors des limites de l'épure, on mènerait, par un point quelconque
de l'intersection, une parallèle à la trace horizontale du

plan bissecteur et l'on déterminerait la trace verticale de cette droite, qui serait un second point de la trace verticale cherchée.

AUTRE APPLICATION DE LA MÉTHODE DE RABATTEMENTS

PROBLÈME.

131. *Déterminer les projections d'une circonférence qui passe par trois points donnés* a.a', b.b', c.c' (fig. 103).

Menons l'horizontale du plan qui passe par l'un des points donnés $a.a'$; cette horizontale a sa projection verticale $a'm'$ parallèle à la ligne de terre, elle rencontre la droite $bc.b'c'$ du plan au point $m'.m$: elle a donc pour projection horizontale am. Rabattons le plan des trois points autour de cette horizontale ; le point $a.a'$ ne bouge pas ; le point $b.b'$ est rabattu en B_1 (117) ; la droite bcm.. $b'c'm'$ suivant B_1m, et le point $c.c'$ qui appartient à cette droite en C_1. Si l'on fait passer une circonférence par les trois points a, B_1, C_1, on aura le rabattement de la circonférence cherchée. Le centre O_1 de cette circonférence se relève en $o.o'$ (119) ; on obtient de même les projections r,r' d'un point quelconque et celles d'autant de points que l'on veut de la circonférence ; en joignant ces points par un trait continu, on a les projections de la circonférence demandée.

OBSERVATIONS SUR LA CONSTRUCTION PRÉCÉDENTE.

132. Le diamètre FG (fig. 103) parallèle à la charnière ab, et par conséquent au plan horizontal, se projette horizontalement en vraie grandeur suivant fg. Toutes les cordes perpendiculaires au diamètre horizontal FG ont leurs projections horizontales perpendiculaires à fg (102), et ces projections sont partagées par fg en deux parties égales ; gf est donc un axe de la projection horizontale de la circonférence.

Le diamètre HK perpendiculaire à FG, et par suite aux cordes horizontales, a de même sa projection horizontale hk perpendiculaire aux projections des cordes, qu'il partage en deux parties égales; hk est donc aussi un axe de la projection horizontale de la circonférence.

On voit donc que, lorsqu'on projette une circonférence sur un plan, on obtient deux axes de la projection en projetant le diamètre parallèle au plan et le diamètre perpendiculaire au précédent.

Si l'on veut avoir les deux axes de la projection verticale, on mènera une droite du plan $ad.a'd'$ parallèle au plan vertical; on rabattra cette droite en aD_1, et l'on mènera les diamètres IL et NP, l'un parallèle, l'autre perpendiculaire à aD_1; les projections verticales $i'l'$, $n'p'$ de ces diamètres sont les axes cherchés.

Pour obtenir les projections de la tangente en un point quelconque $r.r'$, on mène la tangente à la circonférence rabattue au point R rabattement de $r.r'$; cette tangente rencontre la charnière au point q, qui appartient à la tangente de l'espace; ce point est projeté verticalement en q'; rq, $r'q'$ sont donc les projections de la tangente cherchée.

Si l'on veut mener à l'une des deux projections, la projection verticale par exemple, une tangente parallèle à une direction donnée, on détermine le rabattement d'une droite du plan projetée verticalement suivant une parallèle à la direction donnée, on mène à la circonférence O_1 une tangente parallèle à la droite rabattue et l'on détermine la projection verticale de cette tangente.

Si l'on applique cette construction aux deux projections de la courbe dans le cas où la direction donnée est perpendiculaire à la ligne de terre, on rabattra suivant B_1s une droite $bs.b's'$ du plan perpendiculaire à la ligne de terre, on mènera une tangente Uv parallèle à B_1s; les projections uv, $u'v'$ de cette tangente seront perpendiculaires à la ligne de terre.

Les points de contact u et u' sur les projections de la circonférence sont les projections du point de contact connu en rabattement.

On construirait de même les tangentes parallèles à xy; celles du plan horizontal sont rabattues suivant des tangentes parallèles à O_1L; celles du plan vertical sont rabattues suivant des tangentes parallèles à FG [1].

---

[1] *Détails de construction.* 1° Les projections de la circonférence sont des ellipses dont on a les deux axes. Voici, dans le cas où une ellipse est ainsi déterminée, un procédé de construction très-rapide et suffisamment exact dans le plus grand nombre des cas. On construit un rectangle OAEC (fig. 104) sur les deux demi-axes OA, OC; du sommet E on mène une perpendiculaire à la diagonale CA, et l'on marque les points de rencontre G et H de cette perpendiculaire avec les axes; du point H comme centre avec

OBSERVATIONS SUR LA MÉTHODE DES RABATTEMENTS.

133. La méthode des rabattements peut servir toutes les fois que les données d'un problème sont situées dans un même plan, puisque par le rabattement du plan des données on ramène le problème à une question de géométrie plane.

Elle sert aussi dans la résolution d'un grand nombre d'autres problèmes ; car il arrive souvent que par certaines considérations on fait dépendre la solution d'un problème relatif à des données situées d'une manière quelconque dans l'espace de celles d'un problème dont on a déterminé les éléments suffisants dans un même plan. Nous allons en donner un exemple.

PROBLÈME.

134. *On donne une droite AB (fig. 105) dans un plan MN et un point O de l'espace ; on demande de mener par le point une droite OC qui rencontre AB et qui fasse avec MN un angle donné α.*

HC pour rayon, on décrit un arc de cercle ; de G comme centre avec GA pour rayon, on décrit un second arc de cercle ; puis on décrit les deux arcs symétriques des deux premiers par rapport aux axes ; les arcs ainsi décrits coïncident avec l'ellipse sur une grande étendue ; on les raccorde à la main au moyen d'arcs tangents.

Quand les deux axes de l'ellipse sont très-différents, le procédé n'est plus suffisamment exact ; on détermine alors un certain nombre de points de la courbe, soit au moyen de propriétés connues de l'ellipse, soit en les déduisant de la solution même du problème.

Pour justifier la construction indiquée, on remarque que les distances CH et GA, respectivement égales à $\dfrac{a^2}{b}$ et $\dfrac{b^2}{a}$, sont précisément les rayons des cercles osculateurs de l'ellipse aux sommets.

2° Pour faciliter à l'élève l'étude de la figure, nous ferons remarquer que les rabattements et les relèvements se font avec la plus grande simplicité au moyen de droites du plan parallèles à Oz, O'α' rabattues suivant O₁α

Supposons le problème résolu, et soit OC la droite demandée ; si du point O on abaisse la perpendiculaire OD sur le plan et si l'on joint DC, l'angle OCD est égal à l'angle donné α. Le côté DC de ce triangle, dans lequel OD est la distance du point O au plan MN, peut donc être construit, et par suite le point C cherché se trouve dans le plan MN à la rencontre de la droite AB et d'une circonférence décrite du pied D de la perpendiculaire OD comme centre, avec un rayon connu CD. On peut donc construire le point C par un rabattement du plan MN.

Construction. Soient donnés $P\alpha P_1$ le plan (fig. 106), $ab.a'b'$ la droite du plan, $o.o'$ le point et β l'angle ; si l'on fait tourner le plan vertical mené par le point $o.o'$ perpendiculairement à $P\alpha P_1$ autour de sa trace horizontale oh, la perpendiculaire menée du point $o.o'$ sur le plan est rabattue en vraie grandeur suivant OD (104, 2°). Menons OE qui fasse avec DE l'angle β ; DE est le rayon de la circonférence à décrire dans le plan $P\alpha P_1$. Rabattons ce plan autour de sa trace horizontale $P\alpha$; le centre vient en D_1 ; la droite $ab.a'b'$ en aB ; aB rencontre la circonférence décrite de D_1 comme centre avec DE comme rayon en deux points C_1, C_2 ; si l'on relève l'un de ces points C_1 et si l'on joint ses projections c, c' à celles du point $o.o'$, la droite $oc.o'c'$ ainsi obtenue satisfait à la question. Le point C_2 relevé donnerait une seconde solution.

DIXIÈME LEÇON

135. Il arrive souvent que la position des plans de projection par rapport aux figures sur lesquelles on a des problèmes à résoudre influe beaucoup sur la simplicité des constructions que comportent les solutions de ces problèmes. Il importe donc de pouvoir passer des positions choisies ou données à d'autres positions relatives plus commodes et indiquées par la nature même des problèmes.

On peut arriver à ce résultat, soit en laissant les figures immobiles et changeant la position de l'un des plans de projection ou de tous les deux par rapport à ces figures, soit en laissant les plans de projection immobiles et déplaçant les figures, généralement au moyen de mouvements de rotation.

CHANGEMENT DU PLAN VERTICAL.

156. *On donne les projections* a, a' *d'un point* (fig. 107), bc, b'c' *d'une droite, les traces* Pα, αP₁ *d'un plan sur deux plans de projection; on demande les projections du point,*

de la droite, la trace du plan sur un plan vertical quelconque.

Soit $x_1 y_1$ la nouvelle ligne de terre : 1° nous avons vu (15) comment on trouve la projection a'' du point $a.a'$ sur ce nouveau plan vertical ; 2° la projection verticale $b''c''$ de la droite s'obtient au moyen des projections b'' et c'' de deux de ses points $b.b'$, $c.c'$; quand la trace horizontale de la droite est déterminée, on la prend généralement pour un des deux points à projeter ; 3° quant au plan $P\alpha P_1$, sa nouvelle trace verticale est le rabattement de son intersection avec le plan vertical $x_1 y_1$, dont la trace sur le premier plan vertical de projection est lm ; cette intersection des deux plans $P\alpha P_1$, $x_1 y_1$ a pour traces les points k *et* m, où se coupent leurs traces respectives ; la verticale lm se rabat en vraie grandeur suivant lm_1, perpendiculaire à $x_1 y_1$; km_1 est donc la nouvelle trace verticale cherchée.

On remplacerait de même le plan horizontal de projection par un plan quelconque perpendiculaire au plan vertical.

Application.

157. *Déterminer les projections de l'intersection d'une pyramide et d'un plan.*

Si le plan sécant est perpendiculaire au plan vertical de projection, les projections verticales des sommets de l'intersection sont les points de rencontre de la trace verticale du plan et des projections verticales des arêtes de la pyramide ; il est donc facile d'en déduire la projection horizontale de l'intersection.

Si le plan donné est quelconque, on revient à cette position en prenant un plan vertical auxiliaire de projection perpendiculaire au plan sécant.

Soient $s\,a\,b\,c$, $s'\,a'\,b'\,c'$ (fig. 108) les projections de la pyramide et $P\delta P_1$ le plan sécant ; sur un plan vertical mené suivant $x_1\,y_1$ perpendiculaire à $P\delta$, la pyramide a pour projection $s''\,a''\,b''\,c''$ et le plan sécant a pour trace mP_2 (136). Les sommets de l'intersection sont projetés sur ce nouveau plan aux points α'', β'', γ'', où les projections des arêtes rencontrent la trace mP_2 du plan sécant ; ces projections α'', β'', γ'' donnent les projections horizontales α, β, γ des sommets et par suite les projections α', β', γ' sur le premier plan vertical.

On remarquera que les distances des projections verticales α', β', γ' à xy sont les mêmes que celles de α'', β'', γ'' à $x_1\,y_1$ (13). On peut se servir de cette considération pour déterminer les projections verticales α', β', γ' lorsque la construction précédente ne donne pas ces points avec assez de précision, par suite de rencontres de droites sous des angles trop aigus.

Autre application.

138. *Déterminer la plus courte distance de deux droites* A.A', B.B' *(fig. 109), dont l'une* A.A' *est parallèle au plan vertical de projection.*

Si l'on projette les deux droites sur un plan perpendiculaire à A.A', la plus courte distance cherchée se projettera en vraie grandeur sur ce plan (112).

Soit $x_1\,y_1$ la perpendiculaire à A' suivant laquelle on mène un plan perpendiculaire à A.A' et par suite au plan vertical de projection ; la droite A.A' se projette sur ce nouveau plan en A'' à une distance de $x\,y_1$ égale à la distance de la projection horizontale A à xy; la projection $v''d''$ de B.B' sur ce plan a été obtenue par les projections v'' de sa trace verticale et d'' d'un point quelconque $d.d'$ de cette droite; la plus courte distance cherchée est donc la perpendiculaire $A''b''$ menée de A'' sur $v''d''$.

Les projections sur les deux premiers plans de l'extrémité b'' de la plus courte distance sont b, b', situées sur les projections de la droite B.B'; la projection verticale de la plus courte distance est $b'c'$ perpendiculaire à A'; on en déduit la projection horizontale be.

TRANSPORT DE L'UN DES PLANS DE PROJECTION
PARALLÈLEMENT A LUI-MÊME.

159. Ce changement de plan n'est qu'un cas particulier du précédent, puisqu'il suffit de considérer la nouvelle ligne de terre x_1y_1 comme parallèle à xy.

Dans la pratique, comme ce changement de plan revient à transporter l'une des deux projections perpendiculairement à la ligne de terre d'une longueur égale à la distance de la nouvelle ligne de terre à l'ancienne, on supprime par la pensée l'intervalle compris entre xy et x_1y_1, ce qui dispense d'effectuer le transport.

CHANGEMENT DE PLAN LORSQU'ON REMPLACE L'UN DES PLANS
DE PROJECTION PAR UN PLAN QUELCONQUE.

140. *On donne les projections* a, a' *d'un point* (fig. 110), ac, a'c' *d'une droite, les traces* Qβ, βQ₁ *d'un plan sur deux plans de projection; on demande les projections du point et de la droite et la trace du plan sur un plan quelconque* PzP₁.

1° La nouvelle projection du point $a.a'$ est le rabattement du pied de la perpendiculaire menée de ce point sur $P\alpha P_1$. Pour obtenir ce rabattement, menons par $a.a'$ un plan vertical perpendiculaire à $P\alpha P_1$; l'intersection de ce plan et de $P\alpha P_2$ est rabattue autour de sa trace horizontale eag suivant gE_1; le point $a.a'$, qui est dans ce plan, est rabattu en A_1; le pied de la perpendiculaire menée de $a.a'$ sur le plan, en A'_1. Si l'on fait tourner le plan $P\alpha P_1$ autour de $P\alpha$, A'_1 se place sur le prolongement de ag en a_1 à la distance ga_1 de g égale à gA'_1; a_1 est la projection de $a.a'$ sur le plan $P\alpha P_1$.

2° En appliquant cette construction à deux points quelconques $a.a'$, $c.c'$ de la droite $ac.a'c'$, on obtient en $a_1 c_1$ la projection de cette droite sur le plan $P\alpha P_1$.

3° Pour obtenir la trace du plan $Q\beta Q_1$ sur le plan $P\alpha P_1$, on remarque que cette trace est le rabattement de l'intersection des deux plans; cette intersection a pour traces les points h et v', où se coupent les traces des plans; dans le rabattement la trace horizontale h ne bouge pas, la trace verticale se place en v_1; hv_1 est donc la trace cherchée sur le nouveau plan.

Le point v_1 a été obtenu au moyen de l'arc décrit de α comme centre, avec $\alpha v'$ pour rayon, car cette distance $\alpha v'$ ne change pas dans le mouvement.

Application.

141. *Déterminer la plus courte distance de deux droites quelconques* A.A', B.B' (fig. 111).

Si l'on projette les deux droites sur un plan $P\alpha P_1$ perpendiculaire à l'une d'elles A.A', la plus courte distance se projette en vraie grandeur sur ce plan (112). La droite A.A' se projette sur ce plan au point A″ (140); la droite B.B', suivant B″; la perpendiculaire A″C″, menée du point A″ sur B″, est donc la vraie grandeur de la plus courte distance cherchée.

Si l'on veut obtenir les projections de cette plus courte distance, on construira d'abord les projections c, c' de l'extrémité située sur B.B' et projetée en C″; pour avoir la direction de la projection horizontale, on remarquera que la droite du plan rabattue suivant A″C″ est parallèle dans l'espace à la plus courte distance; si on relève le plan PαP$_1$, cette droite A″C″ a pour projection horizontale mn obtenue en joignant le point m au point n projection d'un point rabattu en n_1; la parallèle cg à mn est donc la projection horizontale de la plus courte distance cherchée; la projection verticale est $c'g'$.

CHANGEMENT DE PLANS QUAND ON REMPLACE LES DEUX PLANS DE
PROJECTION PAR DEUX PLANS QUELCONQUES PERPENDICULAIRES
ENTRE EUX.

142. *On donne les projections* a, a' *d'un point* (fig. 112), ac, a'c' *d'une droite, les traces* Qβ, βQ$_1$ *d'un plan sur deux plans de projection; on demande les projections du point et de la droite et les traces du plan sur deux plans quelconques perpendiculaires entre eux.*

Soit PαP$_1$ l'un des nouveaux plans de projection que nous appellerons, pour simplifier le langage, nouveau plan horizontal; soit mn la projection horizontale de la droite suivant laquelle ce plan est coupé par le nouveau plan vertical, c'est-à-dire la nouvelle ligne de terre. On rabat d'abord ce plan autour de Pα sur le plan horizontal, mn

se rabat suivant $x_1 y_1$, et le nouveau plan vertical est rabattu encore autour de $x_1 y_1$ sur le plan horizontal.

1° Si l'on veut trouver sur ces deux plans les projections du point $a.a'$, on remarquera que la construction effectuée dans le changement de plan précédent (140) pour obtenir la projection a_1 du point $a.a'$ donne en même temps la distance $A_1 A'_1$ du point au plan de projection $P\alpha P_1$, et par suite la distance de sa projection sur un plan quelconque perpendiculaire à $P\alpha P_1$, à la nouvelle ligne de terre (10). Donc, après avoir obtenu la projection a_1 du point $a.a'$ sur $P\alpha P_1$, il suffit d'abaisser de a_1 une perpendiculaire $a_1\delta$ sur la ligne de terre et de prendre sur cette ligne $\delta a'_1 = A_1 A'_1$; a'_1 est la projection verticale cherchée.

La distance $A_1 A_1'$ pourra être portée d'abord d'un côté quelconque de $x_1 y_1$, car le plan vertical peut être rabattu d'un côté quelconque par rapport à cette ligne; mais le sens du rabattement étant adopté, on placera du même côté que a'_1 par rapport à $x_1 y_1$ les projections des points de l'espace qui sont du même côté que A par rapport au plan $P\alpha P_1$. Les autres points auront leurs projections verticales situées du côté opposé de $x_1 y_1$ par rapport à a_1.

2° Pour obtenir les projections nouvelles d'une droite quelconque $ac.a'c'$ rapportée aux premiers plans de projection, on détermine comme précédemment les projections a_1, a'_1, c_1, c'_1 de deux de ses points; les droites $a_1 c_1$, $a'_1 c'_1$, qui joignent ces projections, sont les nouvelles projections cherchées.

3° Pour obtenir les traces d'un plan $Q\beta Q_1$, on détermine le rabattement $h \gamma v'' R$ de sa trace sur $P\alpha P_1$ (140), puis les projections d_1, d'_1 d'un point de ce plan. On est ainsi

7

ramené à déterminer la trace verticale γR_1 d'un plan dont on connaît la trace horizontale γR et un point $d \cdot d'_1$. Pour simplifier les constructions, nous nous sommes servi du point $a \cdot d'$ du plan $Q\beta Q_1$, qui a même projection horizontale a que le point $a \cdot a'$ de la droite $ac \cdot a'c'$.

ONZIÈME LEÇON

143. *On donne les projections d'un point, d'une droite, les traces d'un plan sur les deux plans de projection; on fait tourner ces figures d'une quantité angulaire donnée et dans un sens donné autour d'un axe vertical : on demande les projections du point, de la droite, les traces du plan après ce mouvement de rotation.*

Lorsqu'un point A (fig. 113) tourne autour d'un axe Oz, il décrit un arc de cercle dont le centre est le pied C de la perpendiculaire menée de A sur l'axe et dont le rayon est cette perpendiculaire AC. Sur un plan quelconque MN perpendiculaire à Oz, l'axe est projeté au point O, où il perce le plan, et l'arc AB décrit par le point A se projette en vraie grandeur suivant l'arc ab décrit par sa projection a, et tel que l'angle au centre correspondant aOb soit égal à l'angle du mouvement de rotation et dans le sens indiqué pour le mouvement.

1° Soient o, $o'z'$ (fig. 114) les projections d'un axe vertical, a, a' celles d'un point qui doit tourner autour de l'axe d'une quantité angulaire α dans le sens indiqué par la flèche m : l'arc horizontal décrit par le point $a.a'$ de l'espace sera projeté verticalement suivant une parallèle $a'a'_1$ à la ligne de terre, horizontalement suivant l'arc aa_1 correspondant à un angle au centre $aoa_1 = x$; l'extrémité a_1 de l'arc est la nouvelle projection horizontale du point ; on en déduit sa projection verticale a'_1.

2° S'il s'agit d'une droite, on applique la construction précédente à deux de ses points et l'on joint par des droites les nouvelles projections obtenues.

Sur la figure 115, la construction a été appliquée au point $p.p'$ pied de la perpendiculaire commune à la droite donnée $bh.b'h'$ et à l'axe, puis à la trace horizontale h de cette droite. Avec cette disposition, la projection horizontale nouvelle $p_1 h_1$ étant perpendiculaire à op_1, le point h_1 est déterminé par un arc de cercle, sans qu'il soit nécessaire de construire l'angle au centre.

Sur la figure 116, la construction a été appliquée à deux points $a.a'$, $b.b'$ de la droite également distants de l'axe ; avec cette disposition, l'arc décrit par l'un des points est égal à l'arc décrit par l'autre.

3° S'il s'agit d'un plan, on détermine les projections d'une droite et d'un point du plan après le mouvement de rotation ; on est ainsi ramené à construire les traces d'un plan déterminé par un point et une droite.

Soit le plan $P\grave{z}P_1$ (fig. 117), qui doit tourner autour de l'axe vertical $o.o'z'$ dans le sens indiqué par la flèche m et d'une quantité angulaire x ; cherchons ce que devient la trace horizontale $P\grave{z}$. Menons or perpendiculaire à Px. Après le mouvement, or est devenu or_1, égal à or et faisant avec om l'angle x ; $P\grave{z}$ perpendiculaire à or devient zQ perpendiculaire à or_1 ; pour avoir un point de la nouvelle position, considérons celui où l'axe perce le plan P₂P₁. Ce point $o.c'$ reste immobile dans le mouvement de rotation, et le plan Q₂βQ₁ déterminé par ce point et la trace horizontale Qβ est le plan demandé.

On obtiendrait de même les projections d'une figure après un mouvement de rotation autour d'un axe perpendiculaire au plan vertical de projection.

144. Si l'axe de rotation a une position quelconque, on peut se proposer de résoudre les mêmes problèmes relativement à cet axe. Voici la solution générale pour obtenir les projections d'un point quelconque après ce mouvement de rotation :

On rabat sur un plan horizontal le plan mené par le point perpendiculairement à l'axe ; on cherche les rabattements du point de l'espace et du point de rencontre de l'axe avec le plan ; de ce dernier point comme centre avec sa distance à l'autre pour rayon, on décrit sur le plan de rabattement l'arc indiqué par le sens et par l'angle du mouvement de rotation ; on relève le plan et on détermine les projections de l'extrémité de l'arc.

Dans la pratique, on évite ce mouvement, qui donne lieu à des constructions trop compliquées ; on préfère employer un changement de plan combiné avec un mouvement de rotation, de manière à ramener l'axe dans une position perpendiculaire à l'un des plans de projection ; on peut aussi avoir recours à deux mouvements de rotation autour de deux axes, l'un vertical, l'autre perpendiculaire au plan vertical de projection.

Si l'on veut, par exemple, faire tourner une droite quelconque autour d'un axe de manière à la rendre verticale, au lieu d'effectuer un seul mouvement de rotation autour d'un axe perpendiculaire au plan vertical projetant de cette droite, on peut faire tourner la droite d'abord autour d'un axe vertical de manière à la rendre parallèle au plan vertical de projection, puis autour d'un second axe perpendiculairement à ce plan vertical de manière à la rendre verticale.

Application.

145. *Déterminer la plus courte distance de deux droites* $A.A'$, $B.B'$ (fig. 118).

Prenons pour axe la verticale $o.o'o''$ qui passe par le point o commun aux projections horizontales A et B des deux droites, et qui par conséquent rencontre ces droites en $o.o'$, $o.o''$. Amenons d'abord la droite $A.A'$ dans une position parallèle au plan vertical de projection. La projection horizontale A devient A_1 parallèle à la ligne de terre; un point $c.c'$ de cette droite devient $c_1.c'_1$, le point $o.o'$ ne bouge pas; $o'c'_1$ ou A'_1 est alors la nouvelle projection verticale de $A.A'$; dans ce mouvement, le point $d.d'$ de $B.B'$, situé à la même distance de l'axe que $c.c'$, devient $d_1.d'_1$; le point $o.o''$ de cette droite ne bouge pas; les projections nouvelles de $B.B'$ sont donc od_1, $o''d'_1$ ou B_1, B'_1.

Prenons la perpendiculaire au plan vertical qui passe par le point e', commun à A'_1 et B'_1, pour second axe de rotation; les points $A.c'$ et $e.e'$, où les deux droites $A_1.A'_1$, $B_1.B'_1$ rencontrent cet axe, ne bougeront pas. Rendons la droite $A_1.A'_1$ verticale; cette droite aura alors pour projection horizontale le point A_2 et pour projection verticale $e'A'_2$ perpendiculaire à la ligne de terre. Dans ce mouvement, un point de $A_1.A'_1$ projeté en f'_1 a décrit un arc $f'_1f'_2$

correspondant à l'angle au centre $f'_1 e' f'_2$; le point $g_1 . g'_1$ de $B_1 . B'_1$, situé à la même distance de l'axe, est devenu $g_2 . g'_2$; la droite $B_1 . B'_1$ a alors pour projections eg_2, $e'g'_2$ ou B_2, B'_2. La plus courte distance des deux droites est alors projetée horizontalement en vraie grandeur suivant la perpendiculaire $A_2 l_2$ menée du point A_2 sur B_2; la projection verticale de cette droite est $l'_2 m'_2$ parallèle à la ligne de terre. Les projections verticales sur B'_1 et A'_1 des extrémités de la plus courte distance sont l'_1 et m'_1, obtenues au moyen d'arcs de cercle décrits du point e' comme centre avec $e' l'_2$ et $e' m'_2$ pour rayons; les projections verticales de ces mêmes points sur B' et A' sont l' et m', obtenues au moyen de parallèles menées par l'_1 et m'_1 à la ligne de terre; des projections verticales l', m' on déduit les projections horizontales l et m; ml, $m'l'$ sont les projections de la plus courte distance cherchée.

DOUZIÈME LEÇON

146. Mode de représentation. On représente une sphère sur deux plans de projection par les projections de ses deux grands cercles, qui sont respectivement parallèles à ces plans.

Ainsi, sur la figure 119, les deux circonférences égales oa, $o'a'$ représentent une sphère de rayon oa et dont le centre est $o.o'$. La circonférence oa est la projection horizontale du grand cercle horizontal dont la projection verticale est le diamètre $a'b'$, parallèle à la ligne de terre ; la circonférence $o'a'$ est la projection verticale du grand cercle parallèle au plan vertical de projection et dont la projection horizontale est le diamètre ab, parallèle à la ligne de terre.

147. Remarque. Toute section faite dans la sphère par un plan horizontal $m'n'$ est une circonférence dont le centre est sur la verticale menée par le centre de la sphère et par suite projeté horizontalement en o ; cette section est projetée verticalement suivant $m'n'$ parallèle à la ligne de terre et limitée à la circonférence $o'a'$, horizontalement suivant une circonférence de diamètre $mn=m'n'$, concentrique avec la projection du grand cercle horizontal de la sphère. Cette circonférence, quand son plan ne passe pas par le centre, est plus petite qu'une circonférence de grand cercle; donc aucun point de la sphère ne peut avoir de projection horizontale en dehors de la circonférence oa.

Les mêmes observations sont applicables à la projection verticale.

PROBLÈME.

148. *On donne la projection horizontale* c *d'un point situé sur la surface d'une sphère : trouver la projection verticale de ce point* (fig. 119).

Le cercle horizontal de la sphère qui passe par le point projeté en *c* est projeté horizontalement en vraie grandeur suivant la circonférence *mcn*; le point de cette circonférence projeté horizontalement en *m* sur *ab*, diamètre parallèle à xy, a sa projection verticale m' ou m'_1 sur la circonférence $a'o'$ (146), et par suite $m'n'$ ou $m'_1 n_1'$ est la projection verticale de la circonférence considérée ; le point projeté en *c*, qui est situé sur cette circonférence, a donc sa projection verticale en c' ou c'_1 au point de rencontre de $m'n'$ ou $m'_1 n'_1$ avec la perpendiculaire menée par *c* à la ligne de terre.

On pouvait prévoir *a priori* qu'il y a deux projections verticales correspondantes à la projection horizontale *c*, car la verticale menée par un point quelconque pris dans l'intérieur de la circonférence *oa* rencontre la sphère en deux points.

Quand le point *c* est sur la circonférence *oa*, la verticale menée par ce point ne touche plus la sphère qu'en un point sur le grand cercle horizontal ; cette verticale est alors tangente à la sphère. On peut donc considérer la circonférence *oa* comme la trace horizontale d'un cylindre vertical circonscrit à la sphère : on l'appelle *contour apparent horizontal;* de même, la circonférence *o'a'* sur le plan vertical est dite *contour apparent* vertical de la sphère.

On détermine de la même manière la projection horizontale d'un point de la sphère dont on connaît la projection verticale.

PROBLÈME.

149. *Déterminer les projections de l'intersection d'une sphère* o.o' *et d'un plan* PzP₁.

1° Supposons d'abord le plan PzP₁ (fig. 120) perpendiculaire au plan vertical de projection. L'intersection est une circonférence dont le centre *c.c'* est le pied de la perpendiculaire menée du centre *o.o'* de la sphère sur ce plan ; cette circonférence, dont le plan est perpendiculaire au plan vertical, est projetée verticalement suivant la portion *m'n'* de la trace verticale de ce plan comprise dans le contour apparent vertical de la sphère et qui est égale à son diamètre ; on peut obtenir alors les projections horizontales d'autant de points que l'on veut de cette circonférence[1].

Il est important de reconnaitre s'il y a des points de l'intersection sur le contour apparent horizontal de la sphère. Ces points sont projetés verticalement sur *a'b'*,

[1] La projection horizontale de cette circonférence est une ellipse dont le centre est *c*, dont le grand axe, égal à un diamètre et par conséquent à *m'n'*, est parallèle à la trace horizontale Pz du plan PzP₁, et dont le petit axe, dirigé suivant *oc*, a pour extrémités les points *m* et *n*, projections horizontales des points de la circonférence projetés verticalement en *m'* et *n'* (146).

projection du grand cercle horizontal de la sphère (146),
et sur la trace verticale $x\mathrm{P}_1$, du plan, et par suite à leur
point de rencontre d'; à cette projection verticale d' correspondent les deux projections horizontales d_1, d_2, qui
sont les points cherchés.

PONCTUATION. L'arc $d_1 m d_2$, projection horizontale d'un
arc projeté verticalement en $m'd'$, doit être représenté
comme ligne vue, puisque l'arc correspondant de l'espace
appartient à la moitié supérieure de la sphère; l'arc $d_1 n d_2$,
correspondant à la projection verticale $d'n'$, doit être représenté en ponctué, puisque l'arc dont il est la projection est situé sur la moitié inférieure de la sphère.

2° Supposons le plan sécant $\mathrm{P}x\mathrm{P}_1$ dans une position
quelconque (fig. 121). — On ramène ce cas au précédent
au moyen d'un plan vertical auxiliaire perpendiculaire au
plan $\mathrm{P}x\mathrm{P}_1$. Prenons ce plan auxiliaire passant par le centre
de la sphère et rabattons-le autour de son horizontale $x_1 y_1$
qui passe par ce centre. La nouvelle projection verticale
et la projection horizontale de la sphère se confondront
après le rabattement; pour rabattre la trace du plan $\mathrm{P}x\mathrm{P}_1$
sur ce plan auxiliaire, nous déterminerons le point d où
la charnière $x_1 y_1$ projetée verticalement en $o'g'$ rencontre ce plan; le point d reste immobile; le point du
plan $\mathrm{P}x\mathrm{P}_1$, projeté horizontalement en o, a pour projection
verticale e'; ce point se rabat sur $o\mathrm{E}$ perpendiculairement
à $x_1 y_1$ à la distance $o\mathrm{E} = o'e'$ de o; $d\mathrm{E}$ est donc la nouvelle trace verticale du plan $\mathrm{P}x\mathrm{P}_1$; on a donc, comme dans
le cas précédent, la projection verticale $m''n''$ de l'intersection; on en déduit la projection horizontale $ambn$.
Les points d_1 et d_2 du contour apparent sont donnés

comme précédemment par leur projection verticale commune m sur le plan vertical auxiliaire[1].

On fera une construction tout à fait analogue pour déterminer la projection verticale de l'intersection[2].

PROBLÈME.

150. *Déterminer les projections de l'intersection de deux sphères* O.O', C.C'.

1° Supposons d'abord la ligne des centres $oc.o'c'$ (fig. 123) parallèle au plan vertical de projection. L'intersection des deux sphères est une circonférence dont le

---

[1] La partie de l'intersection représentée vue sur le plan horizontal est l'arc $d_2 r d_1$, car la projection verticale correspondante $d_1 r d_2$ montre que l'arc dont il est la projection est situé sur la partie supérieure de la sphère; de même l'arc $h'd_2'k'$ correspond à la partie vue sur le plan vertical.

[2] Si l'on veut se dispenser de répéter la construction précédente, on peut déterminer facilement les axes de la projection verticale. Le centre c' de cette projection est sur $o'l'$, projection verticale de la perpendiculaire à $P\alpha P_1$ menée par le centre de la sphère et sur la perpendiculaire cc' menée à la ligne de terre par la projection horizontale c du centre de la section. Le grand axe passe par ce point c', qui est son milieu; il a une grandeur égale au grand axe de la projection horizontale et il est parallèle à la trace verticale αP_1 du plan sécant (132). Le point de l'intersection projeté horizontalement en d_2 et situé sur le grand cercle horizontal se projette en d'_2. On a donc à construire une ellipse dont on connait un axe et un point. Voici une construction simple qui permet avec ces données d'obtenir le second axe. Soit AB (fig. 122) un axe d'une ellipse et M un point de la courbe; menons par le point O milieu de AB la perpendiculaire CD à AB, du point M comme centre avec OB pour rayon décrivons un arc de cercle qui coupe CD en E; joignons EM et prolongeons cette droite jusqu'au point F de rencontre avec AB; MF est la moitié du second axe.

On peut du reste déterminer directement une extrémité du petit axe en se servant de la projection horizontale de la circonférence; $c'l'$, direction de ce petit axe, est la projection verticale d'une droite du plan $P\alpha P_1$, dont la projection horizontale est cl; le point de cette droite qui appartient à la circonférence d'intersection a sa projection horizontale r sur l'ellipse projection horizontale de la circonférence; la projection verticale correspondante r' est un point de la projection verticale de l'intersection située sur la direction du petit axe; r' est donc un sommet.

plan est perpendiculaire à la ligne des centres, et par suite, dans le cas considéré, perpendiculaire au plan vertical de projection; cette circonférence est donc projetée verticalement suivant une ligne droite; on a d'ailleurs deux points a', b' de cette projection aux points de rencontre des circonférences projections verticales des sphères, car ces circonférences sont les projections verticales des grands cercles des deux sphères situés dans le plan vertical de la ligne des centres; $a'b'$ est donc la projection verticale de la circonférence d'intersection. On en déduit facilement (161) la projection horizontale adb, qui est une ellipse dont on a les deux axes.

PONCTUATION. On obtient les projections horizontales e_1, e_2, f_1, f_2 des points de l'intersection qui sont sur les circonférences de contour apparent des deux sphères en menant des perpendiculaires à la ligne de terre par les points de rencontre e' et f' de $a'b'$ avec les projections verticales des grands cercles horizontaux $c'n'$, $o'p'$ des deux sphères.

La partie de l'intersection qui est vue en projection horizontale est celle qui se trouve à la fois sur les moitiés supérieures des deux sphères, ou simplement sur la moitié supérieure de la sphère dont le centre est le plus élevé. Cet arc projeté verticalement en $a'f'$ a pour projection horizontale $f_1 a f_2$.

Pour les contours apparents des sphères, on remarquera sur la projection verticale que l'arc projeté en $a'm'b'$ de la sphère $o.o'$, étant situé dans l'intérieur de la sphère $c.c'$, est caché. Il en est de même de l'arc projeté en $a'n'b'$ appartenant à la sphère $c.c'$.

En projection horizontale, comme le centre de la sphère

$c.c'$ est plus élevé que celui de la sphère $o.o'$, l'arc rgl du contour apparent de cette sphère intérieur au contour apparent de la sphère $c.c'$ est caché ; sur la sphère $c.c'$ l'arc $f_1 o f_2$ compris entre les points f_1 et f_2 de l'intersection est caché, car cet arc est la projection de la partie du grand cercle horizontal de la sphère $c.c'$ qui est contenue dans l'intérieur de la sphère $o.o'$.

2° Supposons la ligne des centres $oc.o'c'$ dans une position quelconque (fig. 124) ; on ramène ce cas au précédent au moyen d'un plan vertical auxiliaire parallèle à cette ligne. Prenons pour plan auxiliaire le plan vertical passant par la ligne des centres et rabattons ce plan autour de son horizontale $x_1 o y_1$, qui passe par le centre inférieur $o.o'$. Après le rabattement, la projection verticale de cette sphère et sa projection horizontale se confondront ; le centre $c.c'$ de la seconde sphère se projettera en c'' sur une perpendiculaire cc'' à $x_1 y_1$ et à une distance de cette ligne égale à $c'\gamma$, distance du centre $c.c'$ au plan horizontal qui passe par $o.o'$. On pourra donc construire la projection de la sphère $c.c'$ sur le nouveau plan vertical. Dans cette position, on a une projection verticale rectiligne $m'n'$ de l'intersection ; on en déduit (142) la projection horizontale mn.

On construit de la même manière la projection verticale de cette intersection.

On distingue, comme dans le cas précédent, les parties vues et les parties cachées sur les deux plans de projection.

PROBLÈME.

151. *Déterminer les points communs à trois sphères* O_1, O_2, O_3.

1° Supposons le plan des trois centres horizontal (fig. 125). Afin de ne pas compliquer la figure, nous n'avons représenté que les projections horizontales des sphères. Les points communs aux trois sphères sont situés sur les intersections des sphères prises deux à deux. L'intersection des sphères O_1 et O_2 est projetée horizontalement suivant la corde ab, celle des sphères O_1 et O_3 suivant la corde cd; le point m commun à ab et cd est la projection horizontale des points cherchés; ces points se trouvent sur la verticale menée par m aux points de rencontre avec les circonférences projetées en ab et cd; si l'on rabat l'une d'elles autour de son diamètre ab, on aura les rabattements M_1 et M_2 des points de rencontre et leur distance $M_1 m$ ou $M_2 m$ au plan horizontal; ces points seront donc projetés verticalement en m'_1 et m'_2 à des distances de $O'_1 O'_2$ égales à $M_1 m$.

152. Remarque I. L'intersection des sphères O_2 et O_3 contient aussi les points communs aux trois sphères; la projection horizontale ef de cette intersection contient donc le point m commun à ab et cd; on a donc la démonstration de ce principe de géométrie plane : Si trois circonférences se coupent, leurs cordes communes se coupent en un même point; cas particulier de ce principe général : Les axes radicaux de trois circonférences se coupent en un même point.

Remarque II. Le problème précédent revient à déterminer le sommet d'une pyramide triangulaire dont on a la base $O_1 O_2 O_3$ et les trois arêtes latérales qui sont les rayons des trois sphères.

2° Supposons les trois centres placés d'une manière quelconque (fig. 126). Pour ne pas compliquer la figure, nous n'avons représenté que les projections des trois centres $o_1 . o'_1$, $o_2 . o'_2$, $o_3 . o'_3$, et nous avons indiqué à part les longueurs R_1, R_2 et R_3 des trois rayons. Le plan des trois centres a été rabattu autour de son horizontale $o_1 y_1 . o'_1 y'_1$, qui passe par le centre $o_1 . o'_1$; les centres O_2, O_3 sont devenus ω_2, ω_3; les points communs sont projetés sur le plan de ce rabattement en μ_1 et sont distants de ce plan de $\mu_1 M_1$; si on relève le plan des trois centres et si on rabat autour de sa trace, sur le plan horizontal $o'_1 y'_1$, le plan vertical engendré par μ_1, l'intersection de ce dernier plan et du plan des trois centres est rabattue suivant $r\mu$, et la perpendiculaire au plan des trois centres suivant $\mu M = \mu_1 M_1$; l'un des points cherchés rabattu en M donne les deux projections m_1, m'_1; l'autre rabattu en M donne les projections m_2, m'_2.

PROBLÈME.

153. *Déterminer les points de rencontre d'une droite et d'une sphère.*

Si par la droite on mène un plan quelconque, ce plan coupe la sphère suivant une circonférence sur laquelle se trouvent les points demandés; il suffit donc de prendre les points communs à cette circonférence et à la droite donnée.

On peut employer comme plan auxiliaire l'un des plans projetants de la droite; nous laissons au lecteur le soin d'exécuter cette construction très-facile. Nous allons faire voir qu'il est encore plus simple d'employer comme plan auxiliaire le plan du grand cercle déterminé par la droite.

Soient o, o' (fig. 127) les projections du centre de la

sphère et ab, $a'b'$ celles de la droite; si l'on rabat le plan de $o.o'$ et $ab.a'b'$ autour de son horizontale $oe.o'e'$, qui passe par le centre, pour le rendre horizontal, le grand cercle d'intersection avec la sphère coïncide avec le grand cercle horizontal; la droite se rabat suivant eb_1 obtenue en joignant le point e situé sur la charnière au point b_1 rabattement d'un de ses points $b.b'$; les points r_1, p_1, communs à eb_1 et à la circonférence, sont les rabattements des points demandés $r.r'$, $p.p'$.

Ponctuation. La partie $rp.r'p'$ de la droite comprise dans l'intérieur de la sphère est cachée sur les deux plans de projection; sur le plan horizontal rm est la projection d'une partie de la droite cachée par la sphère, car le point projeté en r est situé sur la moitié inférieure de la surface, ce qu'indique sa projection verticale r' située au-dessous de la projection verticale $c'd'$ du grand cercle horizontal; pn est la projection d'une partie vue, car le point $p.p'$ est situé sur la moitié supérieure de la sphère. Par des considérations semblables on reconnaît en projection verticale que $r'g'$ doit être représenté en ligne pleine et $l'p'$ en ponctué.

TREIZIÈME LEÇON

PLANS TANGENTS A LA SPHÈRE

154. Définitions. Un *plan tangent* à une sphère est un plan qui n'a qu'un point commun avec cette sphère. On démontre en géométrie élémentaire que ce plan est perpendiculaire à l'extrémité du rayon qui passe par le point de contact.

Un *plan tangent* à un cône ou à un cylindre de révolution est un plan qui n'a qu'une génératrice commune avec la surface du cône ou du cylindre. Cette génératrice commune est appelée *génératrice de contact*.

THÉORÈME.

155. *Tout plan MN (fig. 128) mené par une génératrice SA d'un cône de révolution perpendiculairement au plan SAO de cette génératrice et de l'axe SO est un plan tangent au cône.*

En effet, si l'on mène un plan quelconque PQ perpendiculaire à l'axe, ce plan est aussi perpendiculaire au plan SAO qui contient l'axe ; donc son intersection AD avec le plan MN est perpendiculaire au plan SAO, et par suite à

AO qui passe par son pied dans le plan ; AD est donc une
tangente à la circonférence d'intersection du plan PQ avec
le cône ; donc toutes les génératrices du cône autres que
SA, rencontrant cette circonférence en dehors du plan MN,
sont nécessairement situées hors de ce plan, qui les laisse
toutes d'un même côté.

THÉORÈME.

156. *Réciproquement tout plan* MN (fig. 128) *tangent à
un cône de révolution est perpendiculaire au plan* SAO *mené
par l'axe* SO *et la génératrice de contact* SA.

En effet, si l'on mène un plan quelconque PQ perpendiculaire à l'axe, ce plan coupe le plan MN suivant une droite
DA tangente à la circonférence OA d'intersection avec le
cône, car si DA coupait cette circonférence en deux points,
le plan MN contiendrait les deux génératrices passant par
ces points et ne serait pas tangent ; le rayon AO est donc
perpendiculaire à DA ; SA est perpendiculaire à la même
droite d'après le théorème des trois perpendiculaires ; DA
est donc perpendiculaire au plan SAO, et par suite il en
est de même du plan MN qui contient DA.

THÉORÈME.

157. *Si l'on coupe un cône de révolution par un plan* PQ
(fig. 128) *perpendiculaire à l'axe et si l'on mène une tangente*
AD *à la circonférence d'intersection, le plan de cette tangente
et de la génératrice* SA *qui passe par le point de contact est
tangent au cône.*

En effet, la tangente DA, située dans le plan PQ perpendiculaire au plan SAO, est perpendiculaire à ce plan SAO, puisqu'elle est perpendiculaire à leur intersection AO ; donc le plan MN mené suivant DA est perpendiculaire au plan SAO, et par suite est tangent au cône (155).

Les principes que nous venons de démontrer relativement au cône s'appliquent également au cylindre de révolution; on les démontre de la même manière.

CÔNE CIRCONSCRIT A UNE SPHÈRE.

158. Par le centre O d'une sphère (fig. 129) et un point quelconque A on fait passer un plan; on mène dans ce plan par le point A une tangente à la circonférence d'intersection ; si l'on fait tourner la figure ainsi obtenue autour de OA, la circonférence engendre la sphère, la tangente AB, un cône de révolution, et le point de contact B, une circonférence commune au cône et à la sphère; le plan de cette circonférence est perpendiculaire à OA, et son centre est le pied C de la perpendiculaire menée de B sur OA.

Le cône ainsi engendré est dit *circonscrit* à la sphère, la courbe commune engendrée par le point B est dite la *courbe de contact ;* on voit donc, d'après ce qui précède, que *la courbe de contact d'une sphère et d'un cône circonscrit est une circonférence dont le plan est perpendiculaire à la droite qui joint le sommet du cône au centre de la sphère.*

THÉORÈME.

159. *Si l'on mène en un point quelconque* B *(*fig. 129*) de la courbe de contact d'une sphère et d'un cône circonscrit un plan tangent à la sphère, ce plan est aussi tangent au cône.*

En effet, le plan tangent à la sphère au point B est per-

pendiculaire au rayon OB et contient la tangente AO; il est
donc tangent au cône (155).

160. *Réciproquement tout plan tangent à un cône circonscrit à une sphère est tangent à la sphère* (fig. 129).

En effet, soient AB la génératrice de contact et B le
point où cette génératrice rencontre la circonférence de
contact du cône et de la sphère; le plan OAB est perpendiculaire au plan tangent (156); OB, situé dans AOB et perpendiculaire à l'intersection AB, est aussi perpendiculaire
au plan tangent au cône; le plan tangent au cône est donc
perpendiculaire à l'extrémité d'un rayon OB de la sphère.

REMARQUE. Si d'un point quelconque pris sur l'axe d'un
cône de révolution on abaisse une perpendiculaire sur
une génératrice, il est facile de voir que la sphère décrite
de ce point comme centre avec la perpendiculaire comme
rayon est inscrite dans le cône; on peut donc inscrire une
infinité de sphères dans un cône de révolution, et alors il
résulte de ce qui précède que *tout plan mené d'un point
tangentiellement à une sphère est tangent au cône ayant ce
point pour sommet et circonscrit à la sphère, et par suite il
est tangent à toute sphère inscrite dans ce cône.*

CYLINDRE CIRCONSCRIT A UNE SPHÈRE.

161. Par le centre O d'une sphère (fig. 130) et une
droite donnée A on fait passer un plan, on mène dans ce
plan à la circonférence d'intersection une tangente parallèle à A; si l'on fait tourner la figure ainsi obtenue autour
de la parallèle à A menée par le centre, la circonférence

engendre la sphère, la tangente, un cylindre de révolution, et le point de contact C, une circonférence commune au cylindre et à la sphère; le plan de cette circonférence est perpendiculaire à la droite A et son rayon est le rayon même de la sphère. Le cylindre ainsi engendré est dit *circonscrit à la sphère;* la courbe commune engendrée par le point C est *la courbe de contact.* On peut donc dire, d'après ce qui précède, que *la courbe de contact d'une sphère et d'un cylindre circonscrit parallèle à une droite donnée est une circonférence de grand cercle dont le plan est perpendiculaire à cette droite.*

162. On démontrerait, comme pour le cône, que *si l'on mène par un point quelconque de la courbe de contact d'une sphère et d'un cylindre circonscrit un plan tangent à la sphère, ce plan est tangent au cylindre, et que réciproquement tout plan tangent au cylindre circonscrit est tangent à la sphère*[1].

PROBLÈME.

163. *Déterminer les projections de la courbe de contact d'une sphère* O.O′ *(fig.131) et d'un cylindre circonscrit parallèle à une droite donnée* AA′.

On a vu (173) que la courbe de contact est une circonférence de grand cercle dont le plan est perpendiculaire à A.A′.

Prenons pour plan vertical auxiliaire le plan mené par le centre et parallèle à A.A′ : la projection de la courbe de contact sur ce plan sera une ligne droite; rabattons-le

---

[1] Les principes qui précèdent, nécessaires aux élèves qui doivent **borner** l'étude de la géométrie descriptive à la première partie, deviennent inutiles à ceux qui les retrouveront comme cas particuliers de **principes géné raux** développés dans la seconde.

autour de son horizonlale *ok*, qui passe par le centre ; la section faite par ce plan dans la sphère se confondra, après le rabattement, avec le contour apparent horizontal de la sphère ; une parallèle à A.A′, menée par un point *o*.*m*′ du plan, se rabat en $m_1 k$, et les tangentes à la section, suivant les tangentes LT, $L_1 T_1$ à la circonférence rabattue et parallèles à $m_1 k$; les points de contact L, L_1 sont des points de la projection verticale auxiliaire de la courbe de contact ; la droite LoL_1 est donc cette projection auxiliaire ; on en déduit facilement, comme dans le cas d'une section plane (149), la projection horizontale correspondante.

On pourrait en déduire la projection sur le premier plan vertical ; mais il est plus simple de déterminer directement cette projection, comme on a déterminé la projection horizontale.

PROBLÈME.

164. *Déterminer les projections de la courbe de contact d'une spère* o. o′ *et d'un cône circonscrit dont on donne le sommet* a. a′ *(fig. 152.)*

On a vu (158) que la courbe de contact est une circonférence dont le plan est perpendiculaire à la droite *oa*. *o′a′* qui joint le centre au point donné *a*. *a′*.

Prenons pour plan vertical auxiliaire le plan projetant de *oa*.*o′a′* ; sur ce plan la courbe de contact se projettera suivant une ligne droite ; rabattons-le autour de son horizontale *oa*. *o′ α*, qui passe par le centre ; la section faite par ce plan dans la sphère se confondra, après le rabattement, avec le contour apparent horizontal de la sphère ; le point *a*. *a′* se rabattra en A_1 sur la perpendiculaire aA_1 à *ao*, à une distance de *a* égale à *a′α*, distance du point *a*. *a′*

au plan horizontal qui passe par le centre; si l'on mène les tangentes $A_1 m'$, $A_1 n'$ à la circonférence om', les points de contact m' et n' sont des points de la courbe cherchée, et la projection de cette courbe sur le plan auxiliaire est $m' n'$; on en déduit, comme dans le cas précédent, la projection horizontale.

On détermine de la même manière la projection verticale de la courbe de contact.

PROBLÈME.

165. *Mener à une sphère un plan tangent par un point de la surface.*

Il suffit de joindre le point donné au centre de la sphère et de mener par ce point un plan perpendiculaire à la droite ainsi déterminée (120.)

PROBLÈME.

166. *Mener à une sphère un plan tangent parallèle à un plan donné.*

On mène par le centre de la sphère une perpendiculaire au plan ; on prend sur cette perpendiculaire, de part et d'autre, à partir du centre, des longueurs égales au rayon ; les extrémités sont les points de contact cherchés ; il suffit de mener par ces points des plans parallèles au plan donné.

PROBLÈME.

167. *Mener par une droite A un plan tangent à une sphère O.*

PREMIÈRE SOLUTION. Menons par le centre O (fig. 133)

de la sphère un plan perpendiculaire à la droite A ; par le point C où la droite A perce ce plan, menons une tangente CD à la circonférence d'intersection avec la sphère, le plan de cette tangente et de la droite A est le plan tangent cherché.

En effet, si l'on mène le rayon OD, ce rayon est dans un plan perpendiculaire à AC ; il est perpendiculaire à la tangente CD qui est l'intersection de ce plan et du plan ACD : il est donc perpendiculaire à ce dernier, et par suite ACD, à l'extrémité d'un rayon OD, est tangent à la sphère.

Soient $o.o'$ la sphère (fig. 134) et $ab.a'b'$ la droite données ; prenons pour plan auxiliaire de projection le plan vertical projetant de la droite et rabattons ce plan autour de son horizontale x_1y_1 située dans le plan horizontal du centre de la sphère ; la nouvelle projection de la droite est ca_1, obtenue en joignant le point c où elle rencontre la charnière à la projection a_1 d'un de ses points $a.a'$; la trace verticale auxiliaire du plan mené du centre $o.o'$ perpendiculairement à $ab.a'b'$ est o_1d perpendiculaire à ca_1 ; le point de rencontre de ce plan avec $ab.a'b'$ est $y_1.y.y'$; si l'on rabat ce plan auxiliaire do_1o autour de oo_1 sur le plan horizontal qui passe par le centre, la circonférence d'intersection avec la sphère coïncide avec le contour apparent horizontal ; le point g_1 vient en G_1, et la tangente à la circonférence d'intersection est G_1l_1. Cette droite rencontre la charnière oo_1 en r ; si on relève le plan, le point r ne bouge pas et la tangente l_1G_1r a pour projections $rgl, r'g'l'$; le plan de cette droite et de $ab.a'b'$ est le plan tangent cherché. — Sur la figure on a déterminé la trace horizontale βP de ce plan en menant par la trace horizontale f de $ab.a'b'$ une parallèle à l'horizontale cr du plan.

Vérification. Si l'on joint le point de contact l . l' au centre, les projections lo, $l'o'$ du rayon ainsi déterminé doivent être perpendiculaires aux traces $P\beta$, $P_4\beta$ du plan tangent.

Il y a généralement deux solutions, car on peut en général mener deux tangentes du point G_4 à la circonférence o.

Deuxième solution. Circonscrivons à la sphère un cône ayant pour sommet un point de la droite donnée; un plan mené par la droite tangentiellement à ce cône satisfait à la question.

Soient o . o' la sphère (fig. 155) et $a'b$. $a'b'$ la droite données. Nous prendrons pour sommet du cône circonscrit le point c . c' de ab . $a'b'$ situé dans le plan horizontal qui passe par le centre de la sphère, afin que l'axe du cône, étant horizontal, la courbe de contact qui est dans un plan perpendiculaire à cet axe se projette horizontalement suivant une ligne droite mn; la droite donnée ab . $a'b'$ rencontre le plan vertical de cette base en un point e . e'; si de ce point on mène une tangente à la circonférence projetée suivant mn, le plan de cette tangente et de la droite donnée satisfait à la question (108). Pour déterminer cette tangente, rabattons le plan vertical de la base autour du diamètre horizontal mn sur le plan horizontal qui passe par le centre de la sphère ; le point e . e' vient se placer en E sur la perpendiculaire eE à mn, à une distance de e égale à $\varepsilon e'$, distance du point e . e' au plan horizontal mené par le centre ; la circonférence, base du cône, se rabat suivant la circonférence décrite sur mn comme diamètre; la tangente rabattue est Eg, qui rencontre la charnière en g ; si on relève, le point g reste immobile, cg est une horizontale du plan tangent ; on a donc la trace horizontale de ce plan en menant par la trace horizontale a de la droite donnée une parallèle aP à cg; on en déduit facilement la trace verticale aP$_1$.

VÉRIFICATION. Le point R de contact de Eg et de la circonférence mn est le rabattement du point de contact du plan tangent et de la sphère. Ce point a pour projections r, r'; si l'on joint ce point au centre, $or, o'r'$ sont les projections du rayon qui passe par le point de contact : elles doivent donc être perpendiculaires aux traces du plan PaP$_1$.

Le problème admet deux solutions, nous n'en avons figuré qu'une seule sur l'épure.

PROBLÈME.

168. *Mener par un point donné un plan tangent commun à deux sphères.*

LEMME. *Tout plan tangent commun à deux sphères passe par un centre de similitude de ces sphères.*

Soient en effet O_1 et O_2 (fig. 156) les centres des deux sphères de rayons R_1 et R_2, A et B leurs points de contact avec un même plan tangent. Si l'on mène les rayons O_1A, O_2B, ces rayons perpendiculaires à un même plan sont parallèles et par suite situés dans un même plan ; les droites AB et O_1O_2 prolongées, s'il est nécessaire, se coupent ; soit C leur point de rencontre, O_1A et O_2B étant parallèles, on a la proportion :

$$\frac{CO_1}{CO_2} = \frac{O_1A}{O_2B} = \frac{R_1}{R_2}.$$

Le point C est donc le centre de similitude directe.

Si les points de contact étaient situés de côtés différents de la ligne des centres, on aurait un plan tangent passant par le centre de similitude inverse.

Si donc on veut mener par un point M un plan tangent à deux sphères O_1 et O_2, il suffit de joindre le point M à un centre de similitude et de faire passer par la droite ainsi menée un plan tangent à l'une des sphères.

Nombre des solutions. Les sphères ont deux centres de similitude que l'on peut joindre au point donné ; par chacune de ces droites on peut mener deux plans tangents à l'une des sphères (167) ; le problème est donc susceptible de quatre solutions.

THÉORÈME.

169. *Mener un plan tangent commun à trois sphères.*

Soient O_1, O_2, O_3 (fig. 137) les trois sphères données ; un plan tangent demandé doit être tangent aux sphères O_1 et O_2 ; il doit donc passer par un des centres de similitude c ou c_1 de ces deux sphères ; ce plan doit être tangent aux sphères O_1 et O_3, il doit donc passer par un de leurs centres de similitude γ ou γ_1 ; le plan demandé doit donc passer par deux points déterminés, et par suite par la droite qui les joint ; on est donc ramené à faire passer par une droite un plan tangent à l'une des trois sphères.

Nombre des solutions. On est conduit d'abord à mener un plan tangent à deux sphères O_3, O_2 par un centre de similitude c ou c_1 des deux sphères O_1, O_2. Par chacun des points c, c_1 il est possible de mener quatre plans tangents communs aux deux sphères O_1, O_2 ; le problème peut donc admettre huit solutions

170. Remarque I. Un centre de similitude c des sphères O_1 et O_2 et un centre de similitude γ des sphères O_1 et O_3 sont situés dans l'un des plans tangents communs aux trois sphères; la droite $c\gamma$ qui les joint est donc l'intersection de ce plan tangent et du plan des trois centres. Si l'on joint les points où ce plan tangent touche les sphères O_2 et O_3, le centre de similitude g, où cette droite rencontre $O_1 O_2$, est situé à la fois dans le même plan tangent et dans le même plan des trois centres; il est donc situé sur leur intersection, c'est-à-dire sur la droite $c\gamma$ qui joint les deux premiers centres de similitude. Donc *trois sphères quelconques ont toujours deux de leurs centres de similitude en ligne droite avec un troisième.*

Nous avons vu (168) qu'il peut y avoir huit plans tangents communs à trois sphères; ces huit plans symétriques deux à deux par rapport au plan des trois centres onnent quatre droites distinctes d'intersection; donc les centres de similitude de trois sphères se trouvent trois à trois sur quatre droites.

L'une de ces droites est celle qui joint les centres de similitude directe, les trois autres sont les côtés du triangle qui a pour sommets les centres de similitude inverse; chacun des côtés prolongés de ce triangle doit donc passer par un centre de similitude directe.

171. Remarque II. Les centres de similitude des trois sphères considérées ne sont autre chose que les centres de similitude des trois circonférences de grand cercle situées dans le plan des trois centres : le principe précédent s'applique donc aux centres de similitude de trois circonférences quelconques situées dans un même plan

QUATORZIÈME LEÇON

172. *Circonscrire une sphère à un tétraèdre.*

Le lieu géométrique des points de l'espace également distants de deux points donnés A et B est le plan mené perpendiculairement à AB par son milieu; le lieu des points de l'espace également distants de trois points A, B, C est l'intersection du lieu précédent avec le plan mené perpendiculairement au milieu de CA ou de CB; enfin si l'on veut trouver un point de l'espace également distant de quatre points donnés A, B, C, S, il suffit de chercher sur la droite, lieu des points également distants de A, B, C, le point qui se trouve à égales distances du point S et de l'un quelconque des trois autres; il suffit donc de chercher le point de rencontre d'une droite et du plan perpendiculaire au milieu de SA, par exemple. Le centre de la sphère circonscrite à un tétraèdre étant à égale distance des quatre sommets, on pourra le déterminer par ce procédé.

Prenons pour plan horizontal de projection un plan parallèle à une face *abc* (fig. 138) du tétraèdre, et soit *s* la projection horizontale du sommet ; prenons la ligne de terre *xy* parallèle à la projection horizontale *sa* d'une arête latérale, et soit *s'a'b'c'* la projection verticale du tétraèdre ; les plans perpendiculaires aux milieux des arêtes *ab.a'b'*, *ac.a'c'* sont des plans verticaux dont l'intersection est une verticale *o.o'o''*, qui passe par le centre *o* de la circonférence cironscrite au triangle *abc* ; le plan perpendiculaire au milieu de l'arête *sa.s'a'*, parallèle au plan vertical de projection, a sa trace verticale *p'o'* perpendiculaire à *s'a'* et passant par le point *p'* milieu de cette droite ; le point *o'* de rencontre de *p'o'* et de la perpendiculaire *o'o''* à la ligne de terre est la projection verticale du centre cherché. Le rayon $o'c'_1$ de la sphère est la distance du centre *o.o'* à l'un des sommets *c.c'*.

Remarque. Le centre *o.o'*, également distant des quatre sommets, se trouve dans tous les plans menés perpendiculairement au milieu des arêtes (48) ; donc les six plans perpendiculaires aux milieux des arêtes d'un tétraèdre concourent au même point.

173. *Inscrire une sphère dans un tétraèdre.*

Le centre de la sphère cherchée étant à des distances égales des quatre faces, et par conséquent à des distances égales des faces considérées deux à deux, est situé dans les plans bissecteurs des six angles dièdres formés par les quatre faces. Trois de ces plans suffisent pour déterminer le centre, pourvu que l'on ne considère pas les trois angles dièdres d'un même trièdre, car dans ce cas les trois plans ont une droite commune, lieu géométrique des points de l'espace également distants des trois faces.

Soient SABC (fig. 139) le tétraèdre donné, et O le point de rencontre des plans bissecteurs des angles dièdres dont AB, AC et BC sont les arêtes ; ces plans se coupent suivant les droites OA, OB, OC et forment avec la face ABC une pyramide OABC. Un plan parallèle à la face ABC coupe cette deuxième pyramide suivant un triangle abc semblable à ABC ; si l'on détermine les sommets a, b, c de cette section, et si on les joint aux sommets homologues A, B, C, les droites Aa, Bb, Cc seront les arêtes de la pyramide OABC et iront concourir au centre cherché O.

Il suffit donc de déterminer la section abc ; comme les côtés de cette section sont parallèles à ceux de ABC, il suffit de déterminer un point de chacun d'eux. — Par le pied s de la hauteur, menons sp perpendiculaire à AB et joignons Sp ; Sp est aussi perpendiculaire à AB et Sps est l'angle plan qui mesure l'angle dièdre dont AB est l'arête ; le plan bissecteur est coupé par le plan Ssp perpendiculaire à l'arête AB suivant la bissectrice pm de l'angle plan Sps ; le point m où cette bissectrice rencontre le plan sécant auxiliaire est un point de ab ; on opérera de même pour les deux autres plans bissecteurs et l'on aura le triangle abc.

Dans la figure précédente, on suppose que le plan auxiliaire parallèle à ABC est situé entre cette face et le sommet ; comme le centre est inconnu et qu'il peut être à une faible distance de ABC, pour être certain de satisfaire à cette condition, il faudrait prendre le plan sécant très-voisin de ABC, ce qui donnerait des sommets a, b, c très-voisins de A, B, C, et par suite peu d'exactitude dans les résultats. Pour remédier à cet inconvénient, on prendra le plan auxiliaire au delà du sommet O par rapport à ABC ;

on obtiendra alors une section $\alpha\beta\gamma$ semblable à ABC, mais dont les côtés parallèles seront dirigés en sens inverses. On est toujours certain d'obtenir une section dans cette position en faisant passer le plan auxiliaire par le milieu de la hauteur.

Soient sABC, s'A'B'C' (fig. 140) les projections du tétraèdre dont la face ABC est dans le plan horizontal de projection ; soit $m'n'$ le plan horizontal auxiliaire. Menons par le sommet le plan vertical sp perpendiculaire à l'arête AB et faisons tourner ce plan autour de la verticale Ss pour le rendre parallèle au plan vertical de projection ; sp devient sp_1, parallèle à la ligne de terre ; l'angle Sps se projette verticalement en vraie grandeur suivant $s'p'_1 y$ et la bissectrice de cet angle suivant la bissectrice $p'_1 g'_1$ de l'angle $s'p'_1 y$; cette bissectrice rencontre le plan auxiliaire $m'n'$ au point projeté en g_1' ; la projection horizontale g_1, qui correspond à g_1', est située sur le prolongement de $p_1 s$; si l'on ramène le plan $Sp_1 s$ dans sa position première, y_1 vient se placer sur le prolongement de ps à la distance $sg = sy_1$ de s ; la parallèle $\alpha\beta$, menée du point g à AB, donne la projection horizontale d'une section faite par le plan $m'n'$ dans une face de la pyramide des plans bissecteurs. En opérant de même pour les plans bissecteurs des angles dièdres dont BC et AC sont les arêtes, on obtient les projections $\beta\gamma$ et $\alpha\gamma$ des deux autres côtés de la section ; le point o de concours de Aα, Bβ, Cγ est la projection horizontale du centre cherché. Pour avoir la projection verticale de ce centre on détermine la projection verticale A'α' d'une arête projetée en Aα, et dont un point $\alpha.\alpha'$ est dans le plan auxiliaire $m'n'$; la projection verticale o' du centre est située sur A'α' ; le rayon de la sphère est

$\omega o'$, distance du centre à la face ABC, qui est dans le plan horizontal de projection.

SPHÈRES TANGENTES AUX QUATRE FACES D'UN TÉTRAÈDRE

174. Si, au lieu de chercher le centre de la sphère inscrite à un tétraèdre, on veut construire les sphères tangentes aux quatre faces, il faut considérer non-seulement les plans bissecteurs des angles dièdres du tétraèdre, mais ceux de leurs suppléments. Cherchons de combien de solutions le problème est alors susceptible.

Le lieu géométrique des points de l'espace également distants de deux points donnés M et N se compose des plans bissecteurs des deux angles dièdres supplémentaires formés par ces deux plans ; le lieu géométrique des points de l'espace également distants de trois plans M, N et P est donné par les intersections du lieu précédent avec le lieu des points également distants du plan P et de l'un des deux premiers plans M, N. Le premier lieu se compose de deux plans, le second de deux autres plans : le lieu des points également distants de M, N, et P se compose donc des quatre droites d'intersection. Si enfin on considère un quatrième plan Q, les points également distants de ce plan et des trois premiers M, N et P seront donnés par les points de rencontre des quatre droites précédentes avec les deux nouveaux plans bissecteurs qui forment le lieu des points de l'espace également distants de Q et de l'un des trois premiers plans. Il peut donc y avoir huit points de l'espace également distants de quatre plans donnés, et par suite on peut généralement construire huit sphères tangentes aux quatre faces d'un tétraèdre[1].

---

[1] On voit *a priori* les positions de cinq de ces sphères qui existent dans

THÉORÈME.

175. *Tout plan* MN (fig. 128) *mené par un point* S *de manière à faire avec un plan donné* PQ *un angle donné* α *est tangent à un cône de révolution qui a pour sommet le point* S, *pour axe la perpendiculaire* SO *abaissée du point* S *sur le plan* PQ, *et pour génératrices des droites faisant avec l'axe le complément de l'angle donné* α.

En effet, abaissons du pied O de SO la perpendiculaire OA sur l'intersection DE des deux plans, joignons SA; l'angle SAO mesure l'angle dièdre des plans MN et PQ, il est donc égal à α; si l'on fait tourner le triangle AOS autour de SO, ce triangle engendrera un cône de révolution; DE perpendiculaire sur OA sera tangente à la circonférence de base de ce cône, et par suite le plan MN mené suivant DE et la génératrice AS, qui passe par le point de contact A, est tangent au cône (155).

PROBLÈME.

176. *Mener par une droite donnée* ab . a'b' (fig. 141) *un plan qui fasse avec le plan horizontal de projection un angle donné* α.

Par un point $a.a'$ de la droite, menons la droite ac. $a'c'$ parallèle au plan vertical de projection et faisant avec la verticale $a.a'a''$ le complément de l'angle donné α;

tous les cas; les trois autres sont situées dans les angles prismatiques extérieurs au tétraèdre et ayant pour arêtes les sommets qui remplacent les arêtes mêmes du tétraèdre. Ces angles sont au nombre de six, mais deux à deux ils ont les centres des sphères tangentes à leurs faces déterminées par les mêmes plans bissecteurs.

soit c la trace horizontale de cette droite; du point a comme centre avec ac pour rayon, décrivons une circonférence; menons à cette circonférence une tangente bP par la trace horizontale b de la droite donnée $ab \cdot a'b'$; le plan PβP$_1$, mené par cette tangente et le point $a \cdot a'$, est tangent au cône de révolution qui a pour sommet $a \cdot a'$ et pour base la circonférence $c\,a$ (167); il fait donc avec le plan horizontal l'angle donné α (187).

Le problème admet deux solutions, une solution ou point de solution, selon que α est plus petit que l'angle de la droite donnée avec le plan horizontal, égal à cet angle ou plus grand.

PROBLÈME.

177. *Mener par une droite donnée* ab$\cdot$a′ b′ (fig. 142) *un plan qui fasse avec un plan quelconque* PαP$_1$ *un angle donné* β.

Nous résoudrons le problème de la même manière que le précédent, à l'aide d'un rabattement du plan PαP$_1$.

Par un point $a \cdot a'$ de la droite menons un plan vertical mnn' perpendiculaire à PαP$_1$, et rabattons ce plan autour de sa trace horizontale $m\,n$; l'intersection de ce plan et de PαP$_1$ sera rabattue en hn_1, le point $a \cdot a'$ en A$_1$, la perpendiculaire menée de A sur le plan PαP$_1$ suivant la perpendiculaire A$_1$F abaissée de A$_1$ sur hn_1; si l'on mène par le point A$_1$ la droite A$_1$D faisant avec A$_1$E le complément de l'angle donné β, DE sera le rayon de la base du cône auxiliaire sur le plan PαP$_1$. Rabattons le plan PαP$_1$ autour de sa trace horizontale Pα sur le plan horizontal de projection; le point E vient en E$_1$ sur nh à la distance $hE = hE'$ de H; la circonférence de rayon ED, base du cône, se rabat en vraie grandeur suivant la circonférence $E_1 m$; le point $c . c'$ de rencontre du plan $P\alpha P_1$ avec la droite $ab . a'b'$ vient en C_1; la tangente $C_1 T$, menée de C_1 à la circonférence $E_1 m$, est le rabattement de la trace du plan cherché sur le plan $P\alpha P_1$; cette tangente a sa trace horizontale en K sur $P\alpha$; le plan $RK\beta R_1$, déterminé par cette trace K et les deux traces b et v' de la droite donnée $ab . a'b'$, satisfait à la question.

Le problème admet généralement deux solutions, puisque du point C_1 on peut en général mener deux tangentes à la circonférence $E_1 m$.

Au lieu de rabattre le plan $P\alpha P_1$ autour de sa trace horizontale $P\alpha$, on peut le rabattre autour d'une quelconque de ses horizontales. Les constructions sont les mêmes, avec cette seule différence que, au lieu d'obtenir la trace horizontale K d'une droite du plan, on a son point de rencontre avec le plan horizontal de la charnière

178. REMARQUE. Si d'un point quelconque L de l'axe rabattu $A_1 E$ du cône on mène une perpendiculaire LF sur la génératrice $A_1 D$, LF est le rayon d'une sphère inscrite dans le cône. Si on relève le plan mnn', on a facilement les projections l, l' du centre, et par suite les projections de la sphère; le plan mené par $ab . a' b_1$ tangentiellement à cette sphère est tangent au cône et par suite satisfait à la question. Cette remarque permet de résoudre d'une manière simple le problème suivant.

PROBLÈME.

179. *Mener par un point* a . a' *(fig. 143) un plan qui fasse avec deux plans donnés* $P\beta P_1$, $Q\gamma Q_1$ *des angles respectivement égaux à deux angles donnés* α *et* β.

Le plan demandé, devant faire avec le plan $P\beta P_i$ un angle donné α, est tangent à un cône de révolution déterminé comme il a été dit précédemment (177); il est par suite tangent à une sphère inscrite dans ce cône ; soit *og. o' g'* cette sphère dont la construction a été indiquée (178). Le plan demandé, devant faire avec le plan $Q\lambda Q_i$ un angle donné β, est de même tangent à un cône dont l'axe est perpendiculaire à $Q\gamma Q_i$, et par suite à une sphère *cl . c' l'* inscrite dans ce cône. La question est donc ramenée à mener par le point *a . a'* un plan tangent à deux sphères, ou, si l'on joint *a . a'* à un centre de similitude *m . m'* des deux sphères, à mener par une droite *am . a' m'* un plan tangent à une sphère (107) ; le plan $R\epsilon R_i$ obtenu d'après ces conditions satisfait à la question.

Le problème peut admettre quatre solutions, puisque par un point on peut mener quatre plans tangents communs à deux sphères (108).

APPLICATION AU CAS OÙ LES PLANS DONNÉS SONT

LES PLANS DE PROJECTION.

180. Prenons pour plan vertical auxiliaire le plan mené par le point donné *a . a'* (fig. 144), sommet commun des deux cônes, perpendiculairement à la ligne de terre ; on a facilement les rabattements Abb_i, Acc_i des sections faites par ce plan dans les deux cônes de révolution à considérer, et par suite dans les deux sphères inscrites dans ces cônes et ayant leurs centres sur les deux plans de projection ; en joignant le point A rabattement de *a . a'* à un centre de similitude *m* de ces sphères, on a une droite du plan tangent cherché ; cette droite a sa trace horizontale en *h* sur la charnière ; si l'on mène de ce point une tan-

gente *ht* à la base *bl* du cône, dont l'axe est vertical, *bl* est une droite du plan tangent cherché, et par conséquent la trace horizontale de ce plan ; en menant par le point *a . a'* une parallèle *ad . a' d'* à cette trace horizontale, on obtient un point *d'* de la trace verticale.

On voit que le problème peut admettre quatre solutions symétriques deux à deux par rapport au plan mené par *a . a'* perpendiculairement à la ligne de terre (108).

181. *Mener à une sphère* o . o' (fig. 130) *un plan tangent qui fasse avec les plans de projection des angles respectivement égaux à deux angles donnés* α *et* β.

On peut, pour résoudre ce problème, mener par un point quelconque un plan qui fasse avec les plans de projection des angles respectivement égaux aux angles donnés (179) et mener à la sphère un plan tangent parallèle au plan ainsi déterminé (166) ; mais il est mieux de résoudre le problème de la manière suivante :

Circonscrivons à la sphère un cône de révolution dont les génératrices fassent avec le plan horizontal l'angle α, le plan demandé sera tangent à ce cône : il aura son point de contact sur la circonférence de contact *mn . m'n'* et sa trace horizontale tangente à la circonférence *sa*, trace horizontale du cône. Circonscrivons de même à la sphère un cône de révolution dont les génératrices fassent avec le plan vertical de projection l'angle donné β, le plan demandé sera tangent à ce cône ; son point de contact sera situé sur la circonférence de contact projetée horizontalement suivant *pq*. Un point *r . r'*, commun aux deux circonférences de contact, est le point de contact d'un plan tangent qui satisfait à la question ; *or* est la projection horizontale de la génératrice de contact correspondante et la trace horizontale h de cette droite est un point de la trace horizontale du plan cherché ; il suffit pour avoir les traces de ce plan de mener par h une tangente hk à la trace horizontale du premier cône, et par le point k où cette droite rencontre la ligne de terre une tangente kl à la trace verticale du second cône.

On peut mener deux cônes circonscrits faisant avec chaque plan de projection un angle donné ; les quatre circonférences de contact donnent huit points de rencontre ; le problème admet donc généralement huit solutions.

Pour que le problème soit possible, il faut et il suffit que la droite $p\,q$ et la circonférence mn se rencontrent, c'est-à-dire qu'on ait $oc' \leq om$; si l'on désigne par R le rayon de la sphère, on a :

$$oc = \mathrm{R}\cos\beta, \quad om = d'm' = \mathrm{R}\sin\alpha$$

la condition précédente devient donc :

$$\mathrm{R}\cos\beta \leq \mathrm{R}\sin\alpha.$$
$$\sin(90° - \beta) \leq \sin\alpha.$$
$$90° - \beta \leq \alpha.$$
$$\alpha + \beta > 90°.$$

C'est-à-dire que la somme des angles donnés doit être au moins égale à 90°.

QUINZIÈME LEÇON

182. Quand on considère dans un angle trièdre les trois angles dièdres et les trois faces, on sait que, trois quelconques de ces six éléments étant donnés, on peut déterminer les trois autres.

Soient a, b, c les trois faces d'un angle trièdre et A, B, C les trois angles dièdres opposés respectivement aux faces a, b, c ; on peut se donner :

1° Les trois faces a, b, c ;

2° et 3° Deux faces a, b et un angle, l'angle donné pouvant être l'angle C compris entre les faces a et b, ou l'un des angles A et B opposé à l'une d'elles ;

4° et 5° Une face a et deux angles, les angles donnés pouvant être les angles B et C adjacents à la face a, ou l'angle A opposé à a et l'un des angles adjacents B, C.

6° Les trois angles dièdres A, B, C.

Les trois derniers cas peuvent être ramenés aux trois premiers par la considération des trièdres supplémentaires. Soit par exemple le cas où l'on donne les trois angles dièdres A, B, C ; les faces du trièdre supplémentaire sont $\pi - A$, $\pi - B$, $\pi - C$; dans ce trièdre, dont on connaît les trois faces, on pourra, d'après la solution du premier cas, trouver les angles dièdres A′, B′, C′ ; les suppléments $\pi - A'$, $\pi - B'$, $\pi - C'$ de ces angles sont les faces du trièdre dont on donne les trois angles dièdres.

Nous donnerons néanmoins une solution directe pour chacun des six cas.

183. Nous allons résoudre d'abord un problème fondamental auquel nous ramènerons tous les cas.

On donne une face asb (fig. 145) d'un angle trièdre, la projection sc sur cette face de l'arête opposée et la distance h d'un point M de cette arête projetée en m à la face asb ; on demande de déterminer les éléments inconnus du trièdre.

1° Pour déterminer l'angle de la face projetée suivant *asc*, rabattons cette face autour de *sa* sur *asb* pris pour plan horizontal ; le point M se placera sur la perpendiculaire $m\mu_1$ à une distance du pied μ_1 égale à l'hypoténuse $\mu_1 M_1$ d'un triangle rectangle, dont $m\mu_1$ est un côté de l'angle droit et dont l'autre mM_1 est égal à la hauteur donnée h ; sm_1c_1 est le rabattement de l'arête projetée en *sc*, et par suite asc_1 est l'une des faces demandées.

2° On détermine de la même manière l'angle bsc_1 de la seconde face projetée suivant *bsc*.

3° L'angle $m\mu_1 M_1$ est formé par les droites $\mu_1 m$, $\mu_1 M_1$ perpendiculaires en μ_1 à l'arête *sa* dans les faces respectives *asb*, *asC* ; $m\mu_1 M_1$ mesure donc l'angle dièdre formé par ces deux faces.

4° L'angle $m\mu_2 M_2$ est de même l'angle plan qui mesure l'angle dièdre formé par les faces asb, bsC.

5° Pour déterminer l'angle plan qui mesure l'angle dièdre formé par les deux faces asC, bsC, menons un plan quelconque perpendiculaire à l'arête sC; ce plan a sa trace FG sur asb perpendiculaire en l à sc projection de l'arête. Soit E le point de l'espace où ce plan est rencontré par l'arête SC; dans le triangle EFG, l'angle E est l'angle cherché. Pour déterminer cet angle, rabattons le triangle EFG autour de FG sur le plan asb; la droite El, hauteur du triangle EFG (129), se rabattra suivant ls perpendiculaire à FG; elle est égale à la distance du point l à l'arête sC, distance qu'on obtient facilement en lE_3 par le rabattement du plan vertical de sC autour de sm.

On peut obtenir également le rabattement du point E au moyen des côtés FE et GE, qui sont rabattus en vraie grandeur respectivement suivant les perpendiculaires FE_1 et GE_2, menées de F et G sur les rabattements SC_1 et SC_2 de la troisième arête.

PREMIER CAS.

184. *On donne les trois faces* (fig. 146).

Soient asb l'une des faces, asc_1, bsc_2 les deux autres rabattues sur le plan de la première; sc_1 et sc_2 sont les rabattements de la même arête sC de l'espace.

Soit un point M de cette arête rabattu d'une part en m_1 sur sc_1, et d'autre part en m_2 sur sc_2, à la distance $sm_2 = sm_1$ du point s. Si l'on remet les deux faces dans leurs positions réelles, le point M se meut dans des plans verticaux menés suivant les droites $m_1\mu_1$ et $m_2\mu_2$ respectivement perpendiculaires à sa et sb; sa projection sur asb est donc le point m de rencontre de ces droites $m_1 \mu_1$ et $m_2 \mu_2$; sm est donc la projection de l'arête sC sur la face asb.

Pour avoir la distance du point M au plan asb, rabattons le plan vertical $\mu_1 mM$ autour de $\mu_1 m$ sur le plan asb; le point M vient en M_1 sur la perpendiculaire mM_1 à $\mu_1 m$ et à une distance de μ_1 égale à $\mu_1 m_1$; mM_1 est la hauteur cherchée[1].

DEUXIÈME CAS.

185. *On donne deux faces et l'angle dièdre compris* (fig. 147).

Soient asb l'une des faces données, bsc_2 la seconde rabattue sur le plan de la première et faisant avec elle un angle donné α. Pour figurer cette donnée, menons un plan perpendiculaire en μ_2 à sb, et rabattons ce plan autour de $m\mu_2$ sur le plan de la face asb; la trace de la face bsC sur ce plan sera rabattue suivant $\mu_2 M_2$ faisant avec $m\mu_2$ l'angle donné α. Cette trace est rabattue d'un autre côté sur bsc_2 suivant $\mu_2 m_2$ prolongement de $m\mu_2$; le point M où cette trace rencontre l'arête sC est rabattu en m_2 sur $\mu_2 m_2$; il se rabattra donc sur $\mu_2 M_2$ en un point M_2 distant de μ_2 d'une longueur $\mu_2 M_2 = \mu_2 m_2$; si l'on abaisse la perpendiculaire $M_2 m$ de M_2 sur $\mu_2 m$ et si on relève le

---

[1] La construction d'un trièdre dont on connaît les trois faces revient à déterminer une génératrice commune à deux cônes de révolution qui ont même sommet. Ce problème est un cas particulier de l'intersection de deux surfaces de révolution dont les axes se rencontrent; les constructions effectuées sont en réalité celles auxquelles conduit la solution générale de ce problème, car les droites $m_1 \mu_1 m$, $m_2 \mu_2 m$ peuvent être considérées comme les projections horizontales des deux circonférences suivant lesquelles les deux cônes sont coupés par une sphère auxiliaire de rayon sm et ayant pour centre le point s.

plan mp_2M_3, on voit que m est la projection sur asb d'un point M de l'arête sC; smc est donc la projection de l'arête sC. M_2m est la distance du point M de cette arête à la face asb (183).

TROISIÈME CAS.

186. *On donne deux faces et l'angle dièdre opposé à l'une d'elles* (fig. 148).

Soient asb l'une des deux faces données et bsc_2 la seconde rabattue sur le plan de la première; l'angle donné α est l'angle opposé à cette dernière face; pour figurer cette donnée, concevons un plan perpendiculaire à sa mené par un point quelconque p de cette arête; ce plan coupe la face asb suivant pq perpendiculaire à sa, la troisième face inconnue asC suivant une droite qui fait avec pq l'angle donné α; dans le rabattement du plan autour de pq, cette intersection se rabat suivant la droite pr qui fait avec pq l'angle α. On remarquera que, dans ce rabattement, tout point de la face asC projeté sur pq se rabat sur pr. Proposons-nous de déterminer l'angle dièdre compris entre les deux faces données asb, bsc_2; menons pour cela un plan quelconque perpendiculaire à l'arête sb de cet angle dièdre; il coupe la face asb suivant ef perpendiculaire à sb, la face bsC suivant une perpendiculaire à sb rabattue suivant fy prolongement de ef; l'angle efG formé dans l'espace par ces deux perpendiculaires est l'angle cherché; pour le déterminer, rabattons le triangle efG autour de ef sur asb; le point G, dont la distance au point f est fg, se placera sur un arc de cercle décrit du point f comme centre avec fg pour rayon. Cherchons le rabattement du côté eG, qui contient aussi le sommet G; considérons le point de ce côté projeté en l où ef rencontre pq; ce point dans le rabattement de pqr est rabattu en L_1 sur pr : il est donc à une distance **de** asb égale à $L_1 l$; dans le rabattement de efG autour de ef, il se placera en L_2 à la distance $L_2 l = L_1 l$ de l sur la perpendiculaire $L_2 l$ à ef : eL_2 est donc le rabattement du côté eG du triangle efG. Soit G_1 un de ses points de rencontre avec l'arc fy : $eG_1 f$ est le rabattement du triangle efG de l'espace; par suite efG_1 est l'angle compris entre les deux faces données. Le point G_1 a pour projection g_1 sur asb : sg_1 est donc la projection de l'arête sC sur asb, et $G_1 g_1$ est la distance d'un point G de l'arête à cette face (176).

La droite eL_2 rencontre l'arc de rayon fy en un second point G_2; à ce point correspond une arête projetée suivant sg_2 qui détermine un second trièdre satisfaisant à la question.

Pour que les points de rencontre G_1, G_2 donnent chacun une solution, il faut qu'ils soient situés sur eL_2 et non sur son prolongement; en effet, tout point situé sur le prolongement de eL_2 correspond à un point situé au-dessous du plan asb, et par conséquent le plan déterminé par ce point et l'arête sb fait avec la face asb le supplément de l'angle donné α.

Pour que le problème soit possible, il faut que eL_2 rencontre la circonférence fyG_1; lorsque eL_2 est tangent à cette circonférence, le problème n'admet qu'une solution; le plan mené par sL_2 et sa est alors tangent au cône de révolution engendré par sC tournant autour de sb (155); par suite, ce plan est perpendiculaire à bsc : le trièdre est donc dans ce cas un trièdre rectangle.

QUATRIÈME CAS.

187. *On donne une face et les angles dièdres adja-*
cents (fig. 149).

Soit *asb* la face donnée et soient $klr = \alpha$, $mnp = \mathfrak{z}$ les
deux angles dièdres adjacents représentés comme dans le
cas précédent au moyen de deux plans perpendiculaires à
sa et *sb*. Pour déterminer l'intersection des deux faces in-
connues, coupons-les par un plan horizontal auxiliaire
quelconque ; la trace de ce plan sur le plan vertical *mnp*
est rabattue suivant *ed* parallèle à *mn* ; son intersection
avec le plan de la face *bse* est parallèle à *sb* et a pour trace
sur le plan vertical *mnp* le point *g* commun aux traces verticales des deux plans : *go* parallèle à *bs* est donc la projection horizontale de cette intersection. On obtient de
même la projection horizontale *oh* de l'intersection du
même plan auxiliaire avec la face *asC*, en observant de
prendre la trace *fh* de ce plan à la même distance de *lr*
que *ed* de *mn* ; le point *o*, commun aux deux projections *og*,
oh, est donc la projection d'un point de la troisième arête,
qui par suite est projetée suivant *so*. La hauteur au-dessus de *asb* du point projeté en *o* est égale à *gt*, distance du
plan auxiliaire à la face *asb* (126).

CINQUIÈME CAS.

188. *On donne une face et deux angles dièdres dont l'un*
opposé à la face (fig. 150).

Prenons pour plan horizontal de projection le plan de la
face inconnue qui fait avec la face donnée un des angles
donnés *a* et pour plan vertical un plan perpendiculaire à

l'arète *sa* de cet angle ; la face donnée est rabattue suivant *asb* sur le plan horizontal ; la trace verticale ab_1 du plan de cette face fait avec la ligne de terre l'angle α ; le point b_1 de l'arète *sb* rabattu en *b* sur la ligne de terre a pour projection horizontale *d* : *sd* est donc la projection horizontale de l'arète rabattue en *sb*, et $b_1 d$ est la distance d'un point b_1 de cette arète à la face horizontale. Il reste à mener par l'arète ainsi déterminée un plan faisant avec le plan horizontal le second angle donné β ; il suffit pour cela (176) de construire la base *de* d'un cône de révolution ayant b_1 pour sommet, $b_1 d$ pour axe, et dont les génératrices fassent avec $b_1 d$ le complément de l'angle donné β, puis de mener du point *s* une tangente à cette base : le plan mené par le point b_1 et cette tangente est tangent au cône de révolution ainsi déterminé et fait par suite avec le plan horizontal l'angle β.

La tangente doit être menée de manière que ce soit l'angle donné et non son supplément qui fasse partie du trièdre.

SIXIÈME CAS.

189. *On donne les trois angles dièdres* (fig. 151).

Prenons pour plan horizontal de projection le plan d'une face, et pour plan vertical un plan perpendiculaire à une arète *sa* de cette face : la trace verticale *ap* de la face adjacente menée suivant cette arète fait avec la ligne de terre un des angles donnés α. La troisième face fait avec les deux premières les angles donnés β et γ ; elle peut être menée d'ailleurs par un point quelconque. Proposons-nous de la mener par un point $o . o'$ du plan vertical de projection (179). Nous construirons un cône de révolution *o'om* ayant ce point pour sommet, et dont les génératrices fassent avec le plan horizontal l'angle β ; la trace horizontale du plan cherché sera tangente à la base *om* de ce cône. Nous construirons un second cône de révolution ayant ce même point pour sommet, et dont les génératrices fassent avec le second plan *sap* l'angle γ ; il suffit pour résoudre la question de mener du point *o . o'* un plan tangent commun à ces deux cônes de révolution. Nous inscrirons dans ces deux cônes deux sphères ayant leurs centres aux points *o* et *c'* de rencontre des axes avec la ligne de terre ; le plan cherché passe par un centre de similitude *d* de ces sphères ; ce point étant sur le plan horizontal, il suffit de mener une tangente *ed* à la base du premier cône pour avoir la trace horizontale du plan cherché ; la trace verticale passe d'ailleurs par le point *o'* : le plan est donc déterminé. La projection horizontale de l'arête, intersection de ce plan et de la face *sap*, est *sl*, et *ll'* est la hauteur d'un point de cette arête au-dessus de la face horizontale *asd*.

190. Remarque. Nous avons pris pour le plan tangent aux deux sphères le centre de similitude inverse, parce que nous avons supposé l'angle donné γ aigu ; en prenant le centre de similitude directe, l'angle aigu formé par le plan tangent aux deux sphères eût été extérieur au trièdre et nous aurions eu l'angle intérieur égal à $\pi - \gamma$.

La seconde tangente menée à la base du cône donnerait un second trièdre symétrique du premier.

190. Relations qui doivent exister entre les données d'un trièdre pour qu'on puisse le construire.

Premier cas. Considérons le trièdre donné par ses trois faces (fig. 152) ; le plan de *asb* est pris pour plan de projection ; *asc₁*, *bsc₁* sont rabattues sur ce plan ; les deux premières forment des angles obtus et la troisième un angle aigu. Pour construire le trièdre il faut faire tourner asc_1 autour de as, bsc_2 autour de bs, de manière que les droites sc_1, sc_2 coïncident ; l'angle asc_1 étant obtus, sc_1 décrit la surface d'un cône de révolution qui a pour axe sa_1 prolongement de sa, et dont les génératrices font avec l'axe l'angle $\pi - \beta$; sc_2 décrit la surface d'un cône de révolution qui a pour axe sb, et dont les génératrices font avec l'axe l'angle γ ; les axes de ces deux cônes font entre eux l'angle $bsa_1 = \pi - \alpha$; pour que le problème soit possible, il faut que ces deux cônes se coupent, et par suite que l'angle des deux axes soit plus petit que la somme des angles des deux cônes et plus grand que leur différence. Il faut donc que l'un ait

1°
$$\pi - \alpha < \gamma + \pi - \beta,$$
ou
$$\beta < \alpha + \gamma,$$

c'est-à-dire qu'une face soit plus petite que la somme des deux autres ;

2°
$$\pi - \alpha > \gamma - (\pi - \beta),$$
ou
$$\alpha + \beta + \gamma < 2\pi,$$

c'est-à-dire que la somme des trois angles doit être plus petite que quatre angles droits.

Remarque. Nous avons pris les données telles qu'elles ne supposent remplie aucune des conditions trouvées. C'est une précaution qu'il faut prendre quand on discute un problème de géométrie et que l'on veut éviter d'examiner toutes les formes que peut prendre la figure, lorsqu'on fait varier les données ; mais il faut surtout éviter de tirer des conclusions générales d'un exemple particulier dont les données sont prises au hasard ; ainsi dans le cinquième

cas de résolution des angles trièdres (188) avec les données
de la question, la construction indique une seule solution
possible, tandis que si l'on résout le même problème par
le trièdre supplémentaire, on est ramené à construire un
trièdre dont on connaît deux faces et l'angle dièdre opposé
à l'une d'elles, problème qui peut admettre deux solutions (186) ; cela tient à ce que, dans l'exemple considéré,
on a supposé les angles dièdres donnés aigus ; leurs suppléments sont obtus et, avec ces données, la construction
du trièdre supplémentaire n'indique en effet qu'une solution.

Deuxième cas. Les constructions effectuées (185) mon-
trent que dans ce cas les constructions sont toujours possibles.

Troisième cas. Soient a et c les deux faces données représentées par bsc_2 et bsa (fig. 148) et α l'angle dièdre lpr
dont l'arête est sa opposée à a ; pour que le problème soit
possible, il faut que le cône engendré par sc_2, tournant autour de sb, rencontre la face opposée. menée par sa, et faisant l'angle α avec asb, ou, ce qui revient au même, que
toute sphère inscrite dans le cône soit rencontrée par cette
face. Soit k le point de rencontre de l'axe sb avec py ; le
rayon de la sphère inscrite dans le cône qui a pour centre
ce point k est la perpendiculaire kh, menée de ks sur la
génératrice sc_2 ; la distance de ce même point à la face
opposée est la perpendiculaire kt, menée de k sur pr ; il
faut donc que l'on ait

$$kh \gtrless kt;$$

or
$$kh = sk \sin a, \quad kt = pk \sin \alpha = sk \sin c \sin \alpha.$$

L'inégalité précédente devient donc

$$\sin a \gtrless \sin c \sin \alpha.$$

A la limite, le trièdre devient rectangle et l'on

$$\sin a = \sin c \sin \alpha.$$

Pour que le problème admette deux solutions, il faut que le cône décrit par l'arête sc_2 coupe la face opposée suivant deux droites situées d'un même côté de sa : il faut donc que l'on ait $bsc_2 < bsa$ ou $a < c$.

QUATRIÈME CAS. Nous avons vu (187) que dans ce cas les constructions sont toujours possibles. On sait du reste que le trièdre supplémentaire (deuxième cas) est toujours possible.

CINQUIÈME CAS. Soient α et γ les angles dièdres donnés et a la face opposée à α ; pour que le trièdre supplémentaire, et par suite le trièdre proposé, soit possible, il faut, d'après ce qui a été dit pour le troisième cas, que l'on ait

$$\sin (\pi - a) \gtrless \sin (\pi - \gamma) \sin (\pi - \alpha),$$

ou
$$\sin a \gtrless \sin \gamma \sin a.$$

SIXIÈME CAS. Soient α, β, γ les trois angles dièdres donnés ; les faces du trièdre supplémentaire sont $\pi - \alpha$, $\pi - \beta$, $\pi - \gamma$; on doit donc, d'après ce qu'on a obtenu pour le premier cas, avoir les conditions :

1°
$$\pi - \alpha < \pi - \beta + \pi - \gamma ;$$

2°
$$\pi - \alpha + \pi - \beta + \pi - \gamma < 2\pi ;$$

ou 1°
$$\alpha + \pi > \beta + \gamma ;$$

2°
$$\alpha + \beta + \gamma > \pi.$$

Il faut donc que chacun des angles augmenté de deux angles droits soit plus grand que la somme des deux autres, et que la somme des trois angles soit plus grande que deux angles droits.

PROBLÈME.

191. *Réduire à l'horizon l'angle de deux droites.*

On a mesuré dans l'espace l'angle γ de deux droites A
et B et les angles α, β que ces droites font respectivement
avec la verticale qui passe par leur point de rencontre ; on
demande de déterminer l'angle formé par les projections
des droites A et B sur un plan horizontal.

Soit SC (fig. 153) la verticale qui passe par le point de
rencontre de A et B ; coupons par un plan horizontal BCA
les plans verticaux projetants des deux droites : l'angle BCA
formé par les deux intersections CB et CA est l'angle demandé ; cet angle mesure l'angle dièdre ASCB ; on a donc
à construire un angle dièdre d'un trièdre dont on connaît
les trois faces. On peut appliquer à ce cas la construction
générale (195) ; mais on obtient plus simplement le résultat de la manière suivante.

Prenons pour plan vertical de projection le plan vertical
déterminé par SB (fig. 154) et pour ligne de terre une perpendiculaire quelconque xy menée dans ce plan à la verticale SC ; la droite SB sera projetée horizontalement suivant
CB sur la ligne de terre.

La projection horizontale de la seconde droite SA fait
avec xy l'angle demandé.

Supposons cette droite rabattue d'une part en SA_1 autour de SC sur le plan vertical, d'autre part en SA_2
autour de SB sur le même plan : on voit que dans l'espace cette droite est une génératrice commune à deux
cônes de révolution, l'un engendré par SA_1 tournant autour
de SC, l'autre par SA_2 tournant autour de SB. Coupons ces
deux cônes par une sphère de rayon quelconque ayant

pour centre S; cette sphère coupe le premier cône suivant
la circonférence $mn \cdot m'n'$, le second cône suivant la circonférence projetée verticalement en $r'l'$; le point p', commun aux projections verticales des deux circonférences,
donne la projection horizontale p située sur mn; Cp est la
projection horizontale de la génératrice SA commune aux
deux cônes, et l'angle pCB est l'angle demandé.

Cette construction s'applique également au cas où l'une
des droites données est horizontale.

PROBLÈME.

192. *Mener par le point de rencontre de deux droites* A
et B *une troisième droite* C *qui fasse avec les deux premières
des angles respectivement égaux à deux angles donnés* α
et β.

1° Si les droites données A et B sont dans un plan horizontal, on a à construire sur ce plan la projection de la
troisième arête d'un trièdre dont on connaît les trois faces.

2° Si les droites A et B sont dans un plan quelconque,
on rabattra ce plan autour d'une de ses horizontales; on
construira sur ce plan, comme dans le cas précédent, la
projection de l'arête opposée du trièdre formé par A, B et
l'arête cherchée, et l'on déterminera la distance d'un point
de cette arête au plan horizontal du rabattement. On
cherchera les projections du point considéré quand on remettra la figure dans sa position réelle, et l'on joindra les
projections de ce point à celles du point de rencontre des
droites.

Soient $sa \cdot s'a'$, $sb \cdot s'b'$ (fig. 156) les deux droites données; rabattons le plan de ces droites autour de son hori-

zontale $mn.m'n'$; le point $s.s'$ viendra en s_1 et les deux droites seront rabattues en $s_1 m$ et $s_1 n$; menons dans ce plan les droites $s_1 c_1$ et $s_1 c_2$ faisant avec $s_1 m$ et $s_1 n$ les angles donnés α et β; construisons sur le plan $ms_1 n$ le pied r de la perpendiculaire abaissée d'un point R de la droite cherchée rabattu en r_1 et r_2, et construisons la vraie grandeur $R_1 r$ (184) de cette perpendiculaire; ramenons le plan $ms_1 n$ dans sa position première et rabattons autour de l'horizontale rg le plan vertical que décrit le point r, et dans lequel se trouve rR; r se rabattra en r_3, rg suivant $r_3 g$, et la perpendiculaire rR suivant $R_3 R_2$ perpendiculaire à $r_3 g$ et égale à $R_1 r$; si du point R_2 on abaisse la perpendiculaire $R_2 p$ sur rg, p est la projection horizontale d'un point de la droite cherchée.

Ce point a sa projection verticale p' à une distance de $m'n'$ égale à $R_2 p$; $sp, s'p'$ sont donc les projections de la droite cherchée.

PROBLÈME.

193. *Mener une droite qui rencontre deux droites données A et B (fig. 157) et qui fasse avec ces droites des angles respectivement égaux à deux angles donnés α et β.*

Par un point quelconque M de A menons une droite MB_1 parallèle à B et construisons, comme il a été dit dans le problème précédent, une droite C passant par M et faisant avec A et MB_1 des angles respectivement égaux aux angles α et β; une droite DE parallèle à C et s'appuyant sur A et B satisfera à la question.

EXERCICES

1. *On donne trois droites* A, B *et* C (fig. 158), *dont l'une* C *rencontre les deux autres respectivement en* M *et* N : *on demande de construire un parallélipipède équilatéral ayant trois côtés dirigés suivant ces droites.*

SOLUTION. La partie MN de la droite C comprise entre les points M et N, où elle rencontre A et B, est un côté du parallélipipède cherché. On déterminera donc la vraie grandeur de MN ; on portera cette grandeur de M en P sur A ; le parallélogramme NMPQ construit sur NM et MP sera une face du parallélipipède. On portera cette même grandeur de N en R sur B, et l'on mènera des sommets M, P, Q des droites ML, PG et QF égales et parallèles à NR : on aura ainsi tous les sommets du parallélipipède cherché.

EXÉCUTION. Soient A.A′, B.B′, C.C′ (fig. 159) les trois droites données, $m.m′$, $n.n′$ les points où C.C′ rencontre A.A′ et B.B′ ; le rabattement du plan vertical projetant de $mn.m′n′$ sur le plan horizontal donne en M_1N_1 la vraie grandeur du côté $mn.m′n′$ du parallélipipède. Cette grandeur a été portée de $m.m'$ en $p.p'$ sur $A.A'$, au moyen d'un mouvement de rotation autour de la verticale qui passe par $m.m'$; dans ce mouvement, la trace horizontale h de $A.A'$ est devenue h_1 projetée verticalement en h'_1; la distance MM' a été portée de m' en p'_1 et le point p'_1 a donné la projection verticale p' du point cherché $p.p'$, au moyen de la parallèle $p'_1 p'$ à la ligne de terre.

On peut donc construire le parallélogramme $mnpq$. $m'n'p'q'$.

La grandeur $M_1 N_1$ a été portée de $n.n'$ en $r.r'$ sur $B.B'$, au moyen d'un mouvement de rotation autour de la verticale qui passe par $n.n'$; un point $s.s'$ de cette droite est devenu $s_1.s'_1$; la distance $M_1 N_1$, portée sur $n's'_1$, a donné r'_1, d'où l'on a déduit les projections r, r' de l'extrémité de l'arête $nr.n'r'$; les sommets $l.l'$, $g.g'$ et $f.f'$ ont été obtenus en menant les arêtes $ml.m'l'$, $pg.p'g'$ et $qf.q'f'$ égales et parallèles à $nr.n'r'$.

Il suffit alors de joindre les sommets de la face opposée à $mnpq.m'n'p'q'$.

Remarque. La distance $M_1 N_1$ peut être portée de deux côtés différents sur chacune des droites A et B, à partir des points de rencontre avec C; le parallélipipède demandé peut donc occuper quatre positions différentes dans l'espace.

DROITES ET PLANS PARALLÈLES.

2. *Mener par quatre points donnés* A, B, C *et* D (fig. 160) *quatre plans parallèles équidistants.*

Solution. Soient M, N, P, Q les quatre plans demandés menés respectivement par A, B, C et D. Joignons les points A et D, qui sont dans les plans extrêmes; la droite AD est partagée en trois parties égales aux points E et F, où elle perce les plans N et P ; ces points E et F sont donc déterminés, et par suite on connaît une droite EB du plan N et une droite CF du plan P. Si par le point E du plan N on mène une parallèle à CF, cette parallèle est aussi située dans le plan N, qui se trouve ainsi déterminé par deux droites BE et EG.

Exécution. Soient $a.a'$, $b.b'$, $c.c'$, $d.d'$ (fig. 161) les projections des quatre points donnés ; soient $e.e'$, $f.f'$ les projections des points qui partagent la droite $ad.a'd'$ en trois parties égales ; $eb.e'b'$ est une droite du plan N, et la parallèle $eg.e'g'$ menée de $e.e'$ à $cf.c'f'$ est une seconde droite de ce plan, dont il est alors facile de déterminer les traces $n\beta$, βn_1. Le plan P a ses traces $p\gamma$, γp_1 parallèles à celles du plan N, et elles passent par les traces h et v' de la droite $cf.c'f'$ située dans ce plan.

La distance $\beta\gamma$ des points β et γ, où les plans N et P rencontrent la ligne de terre, étant portée de β en α et de γ en δ sur cette ligne, on a les points α et δ des plans M et Q.

Remarque. Nous avons supposé les deux points A et D situés dans les plans extrêmes. On peut considérer deux quelconques des quatre points donnés comme devant être situés dans ces plans, ce qui donne six combinaisons ; dans chacune de ces combinaisons on peut changer l'ordre des deux points intermédiaires, de sorte que le problème admet douze solutions.

INTERSECTIONS DE PLANS.

3. *On donne une pyramide dont la base* abcdefgh (fig. 162) *est un octogone régulier situé sur le plan horizontal de pro-*

jection; l'un des sommets a de cette base est sur la ligne de terre et le diamètre ac du cercle circonscrit à la base est perpendiculaire à cette ligne ; le sommet s' de la pyramide est sur la verticale qui passe par le sommet a de la base. — On coupe le solide par un plan mené par la ligne de terre perpendiculairement à l'arête opposée s'e : on demande les projections et la vraie grandeur du polygone d'intersection.

Solution. On emploiera un plan auxiliaire perpendiculaire à la ligne de terre, et l'on aura immédiatement sur ce plan les projections de tous les sommets de l'intersection.

Exécution. Prenons pour plan vertical auxiliaire le plan mené suivant ae perpendiculairement à la ligne de terre ; le sommet aura sa nouvelle projection s'' sur xy perpendiculaire à ae à la distance $s''a = s'a$ de la nouvelle ligne de terre ae ; les sommets b et h de la base seront projetés au même point b'' de ae, et les arêtes $ab.s'b'$, $ah.s'h'$ auront même projection $s''b''$; les arêtes $ac.s'c'$, $ag.s'g'$ seront de même projetées en $s''c''$; les arêtes $ad.s'b'$, $af.s'h'$ suivant $s''d''$, et $ae.s'a$ suivant $s''e$; le plan sécant à sa trace verticale am perpendiculaire à la projection verticale $s''e$ de l'arête opposée à la ligne de terre.

Les projections auxiliaires des sommets du polygone d'intersection sont aux points de rencontre des projections auxiliaires des arêtes avec la trace am du plan sécant ; considérons l'un quelconque de ces sommets, celui qui se trouve sur $ac.s'c'$; ce point est projeté en r'' sur le plan auxiliaire au point de rencontre de $s''c''$ avec am ; de la projection r'' on déduit la projection horizontale r sur sc et la projection sur le premier plan vertical en r' sur $s'c'$.

Remarque I. La construction générale pour déterminer les projections verticales des sommets ne s'applique pas à celui qui est sur l'arête $ae . s'a$ perpendiculaire à la ligne de terre. La projection verticale auxiliaire montre à quelle hauteur se trouve ce point au-dessus du plan horizontal de projection, et par suite à quelle distance de xy se trouve sa projection sur le premier plan vertical.

Vraie grandeur de la section. Pour avoir la vraie grandeur de la section, on rabattra le plan sécant autour de la ligne de terre xy sur le plan horizontal de projection. Cherchons encore ce que devient un sommet quelconque $r . r'$ dans ce rabattement. Ce point décrit un arc de cercle autour du pied ρ de la perpendiculaire abaissée sur la ligne de terre comme centre, avec un rayon projeté en vraie grandeur suivant ar'' sur le plan auxiliaire; on obtient facilement le rabattement R de ce point; on a de même les rabattements de tous les autres sommets.

Remarque II. Si l'on considère un côté $rp . r'p'$ du polygone d'intersection et son rabattement RP, ces deux droites prolongées rencontrent la ligne de terre au même point α; car la droite $rp . r'p'$ de l'espace, étant située dans un plan mené par la ligne de terre, rencontre cette ligne en un point α, qui est sa trace horizontale, et dans le mouvement autour de rotation de xy le point α ne bouge pas.

La trace horizontale cd de la face acd, dans laquelle se trouve rp, passe aussi par ce point α, car la trace horizontale cd rencontre la trace horizontale xy du plan sécant au point α, qui est la trace horizontale de l'intersection. On a donc cinq droites : cd, RP, rp, xy, $r'p'$, qui concourent au même point α.

Il en est de même pour les autres côtés du polygone d'intersection.

Cette remarque permet de construire les résultats d'une manière plus rapide que par la construction directe.

INTERSECTION D'UN PRISME PENTAGONAL RÉGULIER DONT UNE FACE LATÉRALE EST SUR LE PLAN HORIZONTAL DE PROJECTION ET D'UN PLAN QUELCONQUE.

4. SOLUTION. On prendra un plan vertical auxiliaire perpendiculaire au plan sécant; on cherchera sur ce plan la projection du prisme et la trace du plan sécant, et l'on aura immédiatement sur ce plan les projections auxiliaires des sommets de l'intersection.

EXÉCUTION. Soient $abced$, $a'b'c'e'd'$ (fig. 163) les projections d'une base du prisme, $a_1b_1c_1e_1d_1$, $a'_1b'_1c'_1e'_1d'_1$ celles de l'autre, et PlP_1 le plan sécant. Prenons x_1y_1 perpendiculaire à Pl pour nouvelle ligne de terre; la trace du plan donné PlP_1 sur ce plan auxiliaire est $\alpha''P_2$, les arêtes $aa_1.a'a'_1$, $bb_1.b'b'_1$ se projettent suivant x_1y_1; $cc_1.c'c'_1$, $dd_1.d'd'_1$ suivant $c''c''_1$, et $ee_1.e'e'_1$ suivant $e''e''_1$; les sommets de l'intersection sont projetés en α', γ'', ε''; à α'' correspondent les projections α, α', et β, β'; à γ'' les projections γ, γ', δ, δ', et à ε'' les projections ε, ε'. On a donc pour les projections de l'intersection cherchée $\alpha\beta\gamma\varepsilon\delta$, $\alpha'\beta'\gamma'\varepsilon'\delta'$.

Le résultat est représenté en supposant enlevée la partie du prisme qui est en avant du plan.

INTERSECTIONS DE DROITES ET DE PLANS.

5. *On donne six points* M, N, P, Q, R, S (fig. 164) *situés sur les arêtes d'un tétraèdre : on demande de construire les projections du tétraèdre.*

SOLUTION. Supposons que R, Q, S appartiennent au plan d'une face ABC, et que M, N, R appartiennent au plan d'une seconde face DAB; si l'on joint MN, cette droite rencontre le plan des trois points R, Q, S en un point E, qui appartient à l'arête AB de la pyramide; la direction de cette arête est donc déterminée par les deux points E et R; la direction de AC sera de même donnée par le point Q et un second F, où le plan RQS est percé par la droite MP; enfin la direction de BC est donnée de la même manière par le point S et le point G, où le même plan RQS est rencontré par NP.

Il suffit donc, pour avoir les côtés AB, AC, BC d'une face du tétraèdre, de chercher les points où le plan RQS de trois des points donnés est rencontré par les droites qui joignent les trois autres points deux à deux. Les droites qui joignent les points de rencontre aux points R, Q, S sont les côtés d'une face du tétraèdre; les droites qui joignent les sommets de ce triangle aux points M, N, P déterminent les autres arêtes.

EXÉCUTION. Soient $m.m'$, $n.n'$, $p.p'$, $q.q'$, $r.r'$, $s.s'$ (fig. 165) les projections des six points donnés. — Le point $e.e'$, où la droite $mn.m'n'$ perce le plan des trois points $q.q'$, $r.r'$, $s.s'$, a été déterminé au moyen de l'intersection $\alpha\beta.\alpha'\beta'$ du plan vertical projetant de cette droite avec le plan des trois points $q.q'$, $r.r'$, $s.s'$, considéré comme déterminé par les deux droites $sq.s'q'$, $sr.s'r'$ (97); $er.e'r'$ donne un premier côté d'une face; le point $f.f'$, où la droite $mp.m'p'$ perce le même plan, a été déterminé au moyen de l'intersection $\gamma\delta.\gamma'\delta'$ du plan vertical projetant de cette droite avec ce plan considéré comme déterminé par les deux droites $rq.r'q'$, $rs.r's'$; $fq.f'q'$ est un second côté de la face des mêmes **points**. Enfin le point $g.g'$, où la droite $np.n'p'$ perce le même plan, a été déterminé au moyen de l'intersection $\varepsilon\zeta.\varepsilon'\zeta'$ du plan vertical projetant de cette droite avec le plan des points $q.q', r.r', s.s'$, considéré comme déterminé par les deux droites $qr.q'r'$, $qs.q's'$; $gp.g'p'$ donne le troisième côté de la face considérée ; les trois directions obtenues se coupent aux points $a.a', b.b', c\ c'$, qui sont des sommets du tétraèdre cherché. Ces trois points, étant joints respectivement aux points $m.m', n.n', p.p'$, concourent en un même point $d.d'$, qui est le quatrième sommet du tétraèdre.

Remarque. Le problème admet quinze solutions différentes[1] suivant les manières dont on groupe trois à trois les points donnés pour former les faces de la pyramide ; il importe donc d'indiquer dans l'énoncé de la question quels sont les points qui doivent appartenir aux mêmes faces.

INTERSECTION DE DEUX POLYÈDRES.

6. *On donne deux pyramides ayant toutes deux pour base commune un hexagone régulier* abcdef (fig. 166) *située dans le plan horizontal de projection ; l'une de ces pyramides,*

---

[1] Le nombre des combinaisons de 6 points trois à trois est

$$\frac{6\times5\times4}{1.2.3} = 20 ;$$

en prenant 3 points pour déterminer le plan d'une face, les 3 autres points donnent encore 3 combinaisons différentes : on obtient donc 20×3 combinaisons ; mais, en raisonnant de cette manière, le plan de 3 points est pris pour chacune des 4 faces de la pyramide, et par suite chaque solution est considérée quatre fois. On a donc en réalité

$$\frac{60}{4} = 15 \text{ solutions}$$

qui a son sommet en s . s', est régulière ; l'autre a son sommet l . l' dans le plan vertical projetant de l'arête sb . s'b' : on demande les projections de l'intersection des deux pyramides et le développement de la surface latérale de la pyramide régulière.

CONSTRUCTION. Les arêtes latérales sb . s'b' et le . l'e', situées dans un même plan vertical, se coupent en un point dont la projection verticale est m' et la projection horizontale m ; les faces sab . s'a'b' et bef . b'e'f' des deux pyramides se coupent suivant une droite dont m . m' est un point et dont on obtient un second point en prolongeant les traces horizontales ba et ef des deux faces, jusqu'à leur point de rencontre h ; la partie mn . m'n' de cette intersection, limitée à l'arête sa . s'a' de la pyramide régulière, est un côté du polygone d'intersection ; au point n . n', l'intersection passe de la face sab . s'a'b' de la pyramide régulière sur la face saf . s'a'f' ; l'intersection de cette face et de la face lef . l'e'f' de l'autre pyramide est déterminée par deux points n . n' et f . f'. Les deux pyramides sont supposées limitées au plan horizontal de projection ; il n'y a donc pas lieu de chercher la partie de l'intersection située sur les prolongements des faces.

Le plan vertical mené par lse est un plan de symétrie par rapport aux deux pyramides ; on construira donc facilement par symétrie la seconde partie mpd de la projection horizontale de l'intersection, et on déduit facilement la projection verticale correspondante.

REMARQUE. Les points projetés horizontalement en n et p sont symétriques par rapport à un plan vertical ; leurs projections verticales n' et p' sont donc sur une même parallèle à la ligne de terre.

Les points $m.m'$, $p.p'$ et $d.d'$, situés dans la face $lde.l'd'e'$, menée suivant ed perpendiculaire au plan vertical de projection, ont leurs projections verticales m', p', d' situées en ligne droite sur la trace verticale $l'd'$ de ce plan.

Ponctuation. En projection horizontale, les traces ab, vc de deux faces de la pyramide régulière sont cachées par l'autre pyramide, ainsi que les portions an, bm et cp des arêtes latérales comprises entre leurs traces horizontales et les points où elles percent l'autre pyramide ; la partie lm de sb, quoique cachée, est représentée en ligne pleine, parce que sb représente aussi la projection horizontale d'une partie de l'arête $le.l'e'$ qui est vue.

Sur le plan vertical, $n'a'$, projection verticale d'une partie de l'arête $sa.s'a'$, engagée dans la pyramide irrégulière, est cachée ; $m'c'$, projection verticale de la portion $me.m'e'$ de l'arête $le.l'e'$, engagée dans la pyramide régulière, est également cachée.

Développement. La pyramide régulière a été ouverte suivant l'arête $se.s'e'$ (fig. 167) ; les six faces latérales sont des triangles isocèles identiques ayant tous pour base un côté de l'hexagone qui sert de base commune, et pour longueur des côtés égaux $s'\beta'$, longueur d'une arête latérale ; on obtient donc facilement le développement de la surface latérale de la pyramide régulière en décrivant l'arc d'un secteur avec $s'\beta'$ pour rayon, en portant six fois sur cet arc une corde égale au côté de l'hexagone de base et en joignant le centre aux sommets de la ligne polygonale ainsi déterminée.

On a porté sur sb_1 la longueur $sm_1 = s'\mu'$ de $sm.s'm'$, sur sc_1 et sa_1 la longueur $sp_1 = sn_1 = s'v'$ de $sn \cdot s'n'$ et $sp \cdot s'p'$; la ligne polygonale $d_1 p_1 m_1 n_1 f_1$ est le développement du polygone d'intersection.

COMPOSITION DONNÉE AUX CANDIDATS A SAINT-CYR EN 1868.

7. *Une pyramide régulière SABC à base octogonale s'appuie par sa base ABC sur le plan horizontal de manière que le côté AB placé à gauche est perpendiculaire à la ligne de terre. Chaque arête de la base a 37 millimètres de longueur et chaque arête latérale 119. Par le sommet S on mène la parallèle à la ligne de terre et l'on prend sur cette parallèle vers la droite une longueur ST égale à R $\times$ 2,6, R étant le rayon du cercle circonscrit à la base. On joint le point T aux sommets A, B, C de manière à former une seconde pyramide TABC de même base que la première. Cela posé, on demande de construire:*

1° Les projections de ces deux pyramides, en ayant soin de distinguer les parties visibles et invisibles ;

2° Les projections de la sphère circonscrite à la pyramide ABC et celles du point autre que le point c où cette sphère est rencontrée par l'arête TC de la pyramide TABC.

1° Soit ABCDE l'octogone régulier (fig. 193), base commune des deux pyramides [1]. Le sommet de la première pyramide est projeté horizontalement en S, centre de l'oc-

---

[1] Pour construire cet octogone régulier, d'un point quelconque S pour centre avec un rayon quelconque on décrira une circonférence; on partagera cette circonf'rence en 16 parties égales à partir d'une extrémité f du diamètre parallèle à xy. Les points de division a et b, voisins de f, sont les extrémités d'un côté ab de l'octogone régulier inscrit dans cette circonf'rence. On mènera les rayons Sa, Sb; on prendra sur ab, prolongé s'il est nécessaire à partir du point a, une longueur ag égale à la longueur

togone, et les arêtes latérales, suivant les rayons SA, SB. Pour avoir la hauteur, rabattons autour de EF sur le plan horizontal le plan vertical projetant de l'arête correspondante; le sommet sera rabattu en S_1 sur la perpendiculaire menée par S à EF et à une distance de E égale à la longueur donnée, 119 millimètres, pour les arêtes latérales. On obtiendra donc la projection verticale du sommet en relevant le point S_1 en S.S', et les projections verticales des arêtes en joignant S' aux points A', C' projections verticales des sommets de la base.

Prenons ST.S'T' parallèle à $x\,y$ et prenons sur ST.S'T' une longueur égale à SA $\times$ 2,6 [1]; en joignant ce sommet T.T' de la seconde pyramide aux sommets A, B, C de la base commune, on a les arêtes latérales de cette pyramide.

Pour déterminer l'intersection, on remarquera que les arêtes latérales des deux pyramides sont situées deux à deux dans un même plan; en effet, ST.S'T' est menée par un point S.S' de la face SCD.S'C'D' parallèlement à la droite CD.C'D' de cette face; elle y est donc située tout entière; les deux arêtes SD.S'D', TC.T'C', situées dans un même plan, se coupent en un point $m.m'$ qui est un sommet de l'intersection; par la même raison, les

donnée, 37 millimètres, et l'on mènera gB parallèle à aS': le point B de rencontre avec Sb est un sommet de la base cherchée; les autres sommets sont les points de rencontre des rayons du premier octogone avec la circonférence décrite du point S comme centre avec SB pour rayon.

[1] Pour déterminer cette longueur, au lieu de faire la construction ordinaire, on observera que 2,6 est à peu près égal à $\cos\dfrac{45}{2}$ Si donc on mène par le sommet D une tangente à la circonférence circonscrite à la base, cette tangente rencontre la parallèle ST, menée par le centre à $x\,y$ en un point T tel que

$$ST = R\cos \widehat{DST} = R\cos\frac{45°}{2} = R \times 2,6.$$

deux arêtes SE . S'E', TB . T'B', dont les traces B et E sont situées sur une parallèle AST, se coupent en $n . n'$. Les autres arêtes se coupent en des points $m_1 . m'$, $n_1 . n'$, déterminés de la même manière, et qui sont symétriques des premiers par rapport au plan vertical mené par ST . S'T'. L'intersection est par conséquent la ligne polygonale $mn \; m_1 n_1 . m' n'$.

Sur la figure, le résultat a été représenté en supposant que l'ensemble des deux pyramides forme une masse solide ; alors les parties des arêtes de chaque solide, qui sont plongées dans l'autre, disparaissent ; elles ont été représentées en traits discontinus[1].

2° Le centre de la sphère circonscrite à la pyramide SABC . S'A'B'C' est situé sur la hauteur lieu des points également distants des sommets de la base ; c'est le point de cette hauteur également éloigné des deux extrémités d'une arête latérale SD . S'D'. Faisons tourner le plan vertical de cette arête autour de la hauteur, de manière à le rendre parallèle au plan vertical de projection ; la projection verticale de cette arête devient S'D'_1 ; le plan perpendiculaire au milieu de cette droite a pour trace verticale la perpendi-

---

[1] Le point C.C' et le point $m . m'$ sont des points communs aux faces SCD . S'C'D' et TDC . T'D'C' ; mais il faut se garder de considérer la droite qui joint ces deux points comme un élément de l'intersection des deux polyèdres : ces faces coïncident, il n'y a pas d'intersection à représenter.

Les arêtes des deux pyramides appartiennent à deux cônes. On démontre dans la seconde partie que ces deux cônes, qui sont du 2° degré et qui ont une circonférence commune, se coupent suivant une seconde courbe plane dont le plan est perpendiculaire au plan de symétrie parallèle au plan vertical ; tous les points de cette ligne, et par suite les sommets de la ligne polygonale d'intersection, sont donc projetés sur une ligne droite ; $c'm'$ n'est pas dans le prolongement de $m'n'$; $cm . c'm'$ n'appartient donc pas à l'intersection.

Comme vérification, $m'n'$ prolongé doit passer par la projection verticale s' du pied de la hauteur et par le point de concours de S'A' et T'E'.

culaire menée au milieu de S'D', et O', point de rencontre
avec S's', est la projection verticale du centre de la sphère.
OS', distance du centre à l'un des sommets, est le rayon
de la sphère. Le résultat a été représenté dans l'hypothèse que la sphère est transparente; on a figuré son
intersection avec le plan horizontal comme ligne de construction.

3° Pour déterminer le second point de rencontre de l'a-
rête $Tc.T'c'$ avec la sphère, nous considérerons le plan du
grand cercle déterminé par cette arête, et nous le ferons
tourner autour de son horizontale $sr.o'r'$, qui passe par le
centre, pour le rendre horizontal; le grand cercle d'intersection avec la sphère sera rabattu suivant le contour
apparent horizontal; le point C de cette arête sera rabattu
en c_1 sur cette circonférence, le point r reste immobile,
l'arête est donc rabattue en $c_1 r$ et son second point de rencontre avec la sphère en l_1; on en déduit facilement les
projections l, l', situées sur l'arête $Tc.T'c'$.

DISTANCE DE DEUX PLANS PARALLÈLES.

8. *On donne trois plans* $P\alpha P_1$, $Q\beta Q_1$, RR_1 *(fig. 170) : on
demande de construire les projections d'une sphère de rayon
donné* r *tangente à ces trois plans.*

SOLUTION. Le centre de la sphère demandée est à une
distance égale au rayon donné r de chacun des trois plans,
et par suite il se trouve dans trois plans parallèles aux
trois plans donnés et menés à une distance de ces plans
égale au rayon; il est donc le point commun à ces trois
plans.

EXÉCUTION. Le plan parallèle à $P\alpha P_1$ à la distance r est

$p\partial p_1$, obtenu par la construction générale (109). Le plan parallèle à Q_2Q', mené à la même distance r, est $q\gamma q_1$; enfin le plan parallèle à RR_1, qui est parallèle à la ligne de terre, est $\rho\rho_1$, obtenu de la même manière au moyen d'un plan de profil; les plans $p\partial p_1$ $q\gamma q_1$ se coupent suivant la droite $ab \cdot a'b'$; les plans $p\partial p_1$, $q\gamma q_1$ se coupent suivant la droite $ab \cdot a'b'$; les plans $p\partial p$, $\rho\rho_1$ suivant la droite $cd \cdot c'd'$; ces deux intersections se coupent au point $o \cdot o'$, qui est le centre de la sphère cherchée.

Remarque. Le lieu des points de l'espace distants d'un plan donné d'une distance donnée se compose de deux plans parallèles; les deux plans parallèles à P_2P_1 sont coupés par les deux plans parallèles à Q_3Q_1 suivant quatre droites parallèles, et les points de rencontre de ces quatre droites avec les deux plans parallèles à RR_1 donnent huit points distants de r des trois plans donnés; le problème admet donc huit solutions.

DROITES ET PLANS PERPENDICULAIRES.

9. *On donne une pyramide triangulaire* $sabc \cdot s'a'b'c'$ (fig. 171); *on coupe cette pyramide par un plan mené par un point* $m \cdot m'$ *de l'arête* $sa \cdot s'a'$ *et perpendiculairement à cette arête : on demande les projections de l'intersection.*

Construction. Nous déterminerons le plan perpendiculaire à l'arête $sa \cdot s'a'$ au moyen de deux droites, l'une $mp \cdot m'p'$ parallèle à sa trace horizontale dont on connaît la direction, l'autre $mn \cdot m'n'$ parallèle à sa trace verticale. Le plan de ces deux droites est rencontré par $sc \cdot s'c'$ au

point $d.d'$, par $sb.s'b'$ au point $e.e'$; le triangle $med.m'e'd'$
est le triangle demandé.

PROBLÈME DE RÉCAPITULATION.

10. *On donne deux droites* ab.a′b′, cd.c′d′ (fig. 172),
et un point m.m′ *sur* cd.c′d′ : *on demande :*

1° *De mener par ces droites deux plans parallèles entre
eux ;*

2° *De construire un cube ayant une face dans chacun de
ces plans, une arête dirigée suivant* cd.cd *et le point* m.m′
pour un de ses sommets.

Construction. 1° Par un point $b.b'$ de $ab.a'b'$ menons
$be.b'e'$ parallèle à $cd.c'd'$, et par ces deux droites
$ab.a'b'$, $be.b'e'$ faisons passer un plan $P\alpha P_1$; par les
traces b et d de $cd.c'd'$ menons des parallèles $Q\beta$, $Q_1\beta$
à $P\alpha$ et αP_1 : les plans $P\alpha P_1$, $Q\beta Q_1$ sont les plans demandés.

2° Menons par le point donné $m.m'$ un plan vertical
perpendiculaire à ces deux plans, et rabattons-le autour
de sa trace horizontale lm; l'intersection de ce plan avec
$Q\beta Q_1$ sera rabattue en lm_1n_1, celle de ce plan avec $P\alpha P_1$,
suivant rg_1 parallèle à m_1n_1; la perpendiculaire m_1g_1 commune à ces deux intersections représente la distance des
deux plans et le rabattement d'un côté du cube cherché.
Si l'on remet dans sa position réelle le plan vertical qu'on
vient de rabattre, g_1 donne les projections g, g' d'un sommet de la base supérieure du cube. Pour avoir les projections de la base inférieure, rabattons le plan $Q\beta Q_1$ de cette
base autour de sa trace horizontale $Q\beta$, le point m vient
en m_2 sur la perpendiculaire nml à la distance $lm_2 = lm_1$

de la charnière ; le point c n'a pas bougé, cm_2 est le rabattement de $cd.c'd'$; on a pris $m_2f_2 = g_1m_1$ côté du carré, et l'on a construit le carré $m_2fh_2k_2$, qui, relevé, donne les projections $mfhk$, $m'f'h'k'$. Il n'y a plus qu'à mener par les sommets $f.f'$, $h.h'$, $k.k'$ des droites égales et parallèles au côté $mg.m'g'$ pour obtenir les sommets de la base supérieure.

REMARQUE. La distance $m_2f_2 = m_1f_1$, portée sur le rabattement de $cd.c'd'$, pouvait être portée dans le sens opposé ; on pouvait également construire le carré $m_2f_2h_2k_2$ d'un côté ou de l'autre de ce rabattement ; le cube demandé peut donc occuper quatre positions différentes dans l'espace.

ANGLE DE DEUX PLANS.

11. *On donne le rabattement* $a_1b_1c_1d_1$ *(fig. 173) d'un carré situé dans un plan* mnp *: on demande, après avoir déterminé les projections de ce carré, de construire un tronc de pyramide régulière ayant ce carré pour base, pour hauteur une droite donnée et ses faces latérales faisant avec le plan donné un angle donné* α.

EXÉCUTION. Cherchons d'abord le rabattement de la projection de la base opposée à $a_1b_1c_1d_1$ sur le plan de cette base ; nous aurons un carré ayant même centre o_1 que $a_1b_1c_1d_1$ et ses côtés parallèles à ceux de ce carré. Pour déterminer la grandeur d'un côté, cherchons le rabattement sur le même plan de la section faite dans le tronc de pyramide par un plan mené par le centre o_1 perpendiculairement à a_1b_1 ; la base inférieure est coupée suivant o_1f, la face latérale menée par a_1b_1 est coupée suivant une droite rabattue en fg qui fait avec fo_1 l'angle donné α, la face supérieure est coupée suivant une droite rabattue en gl parallèle à fo_1 à la distance fl de fo_1, égale à la hauteur donnée h. Sans construire la section complète, on voit dans le triangle rectangle glf que gl est la moitié de la différence des côtés des carrés de bases ; la parallèle gk à a_1b_1 représente alors la projection d'un côté de la base supérieure, et le point r_1 de rencontre de gk avec la diagonale c_1a_1, la projection d'un sommet de cette base.

Si l'on remet le plan du carré $a_1b_1c_1d_1$ dans sa position réelle, les projections de $a_1b_1c_1d_1$ sont $abcd$, $a'b'c'd'$; le centre o_1 a pour projections o, o' ; l'extrémité E de la perpendiculaire, égale à la hauteur menée au plan de la base par le centre $o.o'$ et rabattue suivant oE, se projette en $e.e'$; la diagonale de la base supérieure, parallèle à la diagonale rabattue en c_1a_1, se projette suivant $er.e'r'$ parallèle à $ca.c'a'$, et le point r_1, qui appartient à cette diagonale et qui se relève dans un plan perpendiculaire à la charnière mn, donne les projections r, r'. Il est facile alors d'achever les projections de la base supérieure, dont on a un sommet et le centre, et dont les côtés sont parallèles aux côtés de la base inférieure. On joindra les sommets homologues des deux bases, et l'on aura les projections du tronc de pyramide cherché.

PLUS COURTE DISTANCE DE DEUX DROITES.

12. *On donne deux droites* A.A′, B.B′ *(fig. 174), dont l'une* A.A′ *est parallèle au plan vertical de projection, et dont l'autre est perpendiculaire à la première sans la rencontrer : on demande de construire les projections d'un cube ayant deux côtés dirigés suivant ces droites.*

Solution. La plus courte distance des deux droites est en grandeur et en position un côté du cube demandé.

Construction. La plus courte distance des deux droites, étant perpendiculaire à $A.A'$, a sa projection verticale perpendiculaire à A', puisque $A.A'$ est parallèle au plan vertical de projection ; cette projection verticale doit rencontrer B' perpendiculaire à A' : donc cette projection de la plus courte distance se confond avec B' ; $d'.d$ est donc le point où la plus courte distance rencontre $A.A'$. Pour avoir sa direction, menons le plan $m\alpha d'$ perpendiculaire à $B.B'$ et le plan $m\beta d'$ perpendiculaire à $A.A'$. L'intersection $mn, \beta d'$ de ces deux plans donne la direction cherchée, et l'on obtient ainsi les projections dc, $d'c'$ d'un côté du cube ; la vraie grandeur de ce côté est $d'c_1$; en portant cette grandeur de $d.d'$ en $e.e'$ sur $A.A'$ et de $d.d'$ en $f.f'$ sur une parallèle à $B.B'$ menée par $d.d'$, on aura trois arêtes du cube partant d'un même sommet. Il n'y aura plus qu'à mener des parallèles pour achever les projections du cube.

Le cube peut occuper quatre positions différentes.

PROBLÈME SUR LA SPHÈRE.

13. *Inscrire dans une sphère donnée* $o.o'$ *(fig. 175) un cube dont une face soit parallèle à un plan donné* RzR_1 *perpendiculaire au plan vertical de projection, et dont une arête soit parallèle à une droite* $ab.\alpha R_1$ *donnée dans ce plan.*

Solution. On construit un cube de côté quelconque ayant le point $o.o'$ pour centre, une face parallèle à RzR_1 et un côté parallèle à $ab.zR_1$. On détermine la distance d'un sommet de ce cube au centre et l'on a le rayon de la sphère circonscrite ; les projections du cube demandé sont

des figures homothétiques à celles du cube ainsi construit
et le rapport des dimensions homologues de ces figures
est le rapport des rayons des deux sphères.

Construction. Prenons pour face du cube auxiliaire le
plan $R\alpha R_1$; le côté de ce cube sera le double de la perpendiculaire menée du centre de la sphère sur le plan, et
projetée verticalement en vraie grandeur suivant $o'c'$; rabattons le plan $R\alpha R_1$ autour de $R\alpha$ sur le plan horizontal ;
$ab.\alpha R_1$ se rabat suivant ab_1, le centre du carré situé dans
ce plan, en c_1 ; il est facile alors de construire le rabattement $m_1 n_1 p_1 q_1$ du carré contenu dans ce plan et de déterminer le rayon $c_1 E$ de la sphère correspondante[1] ; si on
relève, les sommets m_1, n_1, p_1, q_1 donnent les projections
verticales m', n', p', q'. Si l'on mène un rayon quelconque
$o'd' D'$, que l'on prenne $o'd'$ égale à $c_1 E$ rayon de la sphère
circonscrite au cube auxiliaire, en joignant $d'p'$ et menant
$D'P'$ parallèle à $d'p'$ jusqu'au point P' de rencontre avec
$o'p'$, le point P' est le sommet homologue à p' sur le cube
cherché, on mènera $P'M'Q'$ parallèle à $m'q'$ et l'on déterminera sur cette droite les sommets M', N', Q', homologues
à m', n', q', au moyen des rayons $o'm'$, $o'n'$, $o'q'$. On construira facilement les projections verticales, sommets de la
base opposée, qui sont symétriques de M', N', P', Q', par
rapport à la projection verticale o' du centre. Il est facile
de passer des projections verticales des sommets aux projections horizontales correspondantes.

Si le plan donné avait une position quelconque, on aurait recours à un changement de plan qui permettrait
d'obtenir de la même manière la projection horizontale du
cube, et on en déduirait facilement la projection verticale.

---

[1] Eq_1 est perpendiculaire à $C_1 q_1$ et égal à la moitié du côté du carré.

PROBLÈME DE RÉCAPITULATION.

14. 1° *On donne la base inférieure ABCD (fig. 176) d'un parallélipipède, la projection horizontale AE d'une arête latérale, la longueur h de cette arête et l'angle α qu'elle fait avec le plan horizontal : on demande les projections du parallélipipède.*

2° *On donne les projections horizontales e et f de deux points situés sur les faces latérales dont les traces sur le plan horizontal sont AB et AD ; on demande de déterminer les projections verticales de ces points et de mener par ces points un plan qui coupe le parallélipipède suivant un rectangle.*

CONSTRUCTION. Prenons un plan vertical de projection parallèle au plan vertical mené suivant AE ; l'arête projetée en AE sera projetée verticalement en vraie grandeur suivant $A'E' = h$ faisant avec la ligne de terre l'angle donné $α$; on construira facilement les projections verticales des autres arêtes latérales. On obtient les projections verticales e', f' des points projetés horizontalement en e et f, au moyen des horizontales $re \cdot r'e'$, $nf \cdot n'f'$ menées par ces points dans les faces ABE, ADE, dans lesquelles ils se trouvent.

Le point de l'espace M, où le plan demandé passant par les points $e \cdot e'$, $f' \cdot f'$ rencontre l'arête AE $\cdot$ A'E' intersection, des plans BAE, DAE, est le sommet de l'angle droit d'un triangle rectangle dont $ef \cdot e'f'$ est l'hypoténuse. On obtiendra donc ce point en cherchant le point de rencontre de l'arête AE $\cdot$ A'E' avec une sphère décrite sur $ef \cdot e'f'$ comme diamètre. On déterminera d'abord la vraie grandeur $o'e'_1$ du rayon de cette sphère, et, comme la droite AE $\cdot$ A'E' est parallèle au plan vertical de projection, ou obtiendra immédiatement la projection verticale m' de son point de rencontre avec la circonférence suivant laquelle son plan vertical projetant coupe la sphère ; le sommet $m.m'$ obtenu, on le joint aux points $e.e'$, $f.f'$, et l'on a deux côtés de la section rectangulaire cherchée qui coupent les arêtes BF. B′F′, DG. D′G′ aux points $r.r'$, $p.p'$; les deux autres côtés sont donnés par des parallèles aux deux premiers.

Le point cherché m, m' doit être distant du point $o.o'$ milieu de $ef.e'f'$ d'une longueur égale à la moitié de cette droite ; on peut donc résoudre le problème en cherchant sur une droite donnée un point distant d'un point donné d'une longueur donnée, problème qu'on résout facilement au moyen d'un rabattement du plan du point et de la droite.

Le problème admet deux solutions ; nous n'en avons construit qu'une sur la figure.

CHANGEMENT DE PLAN DE PROJECTION.

15. *Déterminer sur une droite donnée* A (fig. 177) *un point distant d'une seconde droite donnée* B *d'une longueur donnée* l.

Solution. Soit M le point de la droite A qui satisfait à la question ; si de ce point on abaisse MN perpendiculaire sur B, cette perpendiculaire se projettera en vraie grandeur sur un plan quelconque PQ perpendiculaire à B, et sa projection passera par le point B″ projection de B sur ce plan ; il suffira donc, pour avoir la projection de la seconde extrémité de la droite cherchée, de prendre un point m de la projection A″ de A sur ce plan distant de la pro-

jection B″ de B de la longueur donnée l ; on passera facilement de la projection auxiliaire du point cherché à ses
projections sur les deux plans de projection donnés.

CONSTRUCTION. Soient A.A′, B.B′ (fig. 178) les projections
des deux droites données ; soit PαP₁ un plan perpendiculaire à B.B′ ; les projections de A.A′ et B.B′ sur ce plan
rabattu autour de sa trace horizontale Pα sont le point B″
et la droite A″ (149) ; A″ rencontre la circonférence décrite
de B″ comme centre avec l comme rayon en deux points
$m″_1$, $m″_2$; $m″_1$ et $m″_2$ sont les projections auxiliaires de deux
points qui satisfont à la question ; la projection $m″_1$ donne
les deux projections correspondantes m_1, $m′_1$ sur A.A′.
Pour obtenir les projections de la droite menée de ce point
perpendiculairement à B.B′, relevons le plan PαP₁ et
cherchons la projection horizontale de la droite rabattue
suivant B″$m″_1$, qui est dans l'espace parallèle à la droite
cherchée ; on en déduira la projection horizontale de cette
dernière ; la droite rabattue en B″$m″_1$ a pour projection
horizontale hd ; la parallèle $m_1 e$ à hd est la projection
horizontale de la droite cherchée ; on en déduit la projection verticale $m′_1 e′$. On déterminerait de la même manière
les projections du point rabattu en $m″_2$, qui donne une seconde solution.

16. *Mener par un point un plan qui coupe une pyramide
quadrangulaire suivant un parallélogramme.*

PREMIÈRE SOLUTION. Tout plan qui coupe deux plans suivant
deux droites parallèles est parallèle à leur intersection ;
tout plan qui coupe un angle solide quadrangulaire suivant
un parallélogramme coupe les faces opposées deux à deux
suivant des droites parallèles, et par suite est parallèle aux
intersections des faces opposées prises deux à deux.

Il suffit donc de construire ces intersections et de chercher la section faite dans la pyramide par le plan parallèle au plan de ces deux droites mené par le point.

Exécution. Soient $sabcd.s'a'b'c'd'$ (fig. 190) la pyramide donnée et $l.l'$ le point ; les faces $sad.s'a'd'$ et $sbc.s'b'c'$ se coupent suivant la droite $ks.k's'$, les deux autres suivant $sh.s'h'$; les parallèles $le.l'e'$, $lf.l'f'$ menées respectivement à ces droites par $l.l'$ déterminent un plan qui coupe $sc.s'c'$ au point $q.q'$ (92); ce point est un sommet de la section ; en menant $qm.qm'$ parallèle à $sk.s'k'$ dans la face $sad.s'a'd'$, et $qp.q'p'$ parallèle à $sh.s'h'$ dans la face $scd.s'c'd'$, on a deux côtés du parallélogramme demandé.

Deuxième solution. Tout plan détermine dans un angle solide quadrangulaire un quadrilatère dont les diagonales sont les intersections de ce plan avec les plans menés par les arêtes opposées deux à deux ; le point de rencontre de ces diagonales est donc situé sur la droite d'intersection de ces deux plans qui passent par le sommet ; pour que la section soit un parallélogramme, il suffit que ce point soit le milieu de chacune des diagonales. Si donc par un point quelconque de la droite qui joint le sommet au point de rencontre des diagonales de la section faite dans le solide par le plan horizontal, on mène dans chaque plan de deux arêtes opposées une droite qui, terminée aux points de rencontre avec ces arêtes, soit partagée au point en deux parties égales, le plan de ces deux droites est parallèle au plan demandé. Il suffira donc de mener par le point un plan parallèle à celui-là et de chercher son intersection avec l'angle solide.

Exécution. Soit $sabcd.s'a'b'c'd'$ (fig. 191) la pyramide;

menons les diagonales *ac*, *bd* de la base ; joignons leur point de rencontre *g.g'* au sommet ; par un point *o.o'* de cette droite menons *rt.r't'*, qui rencontre *sa.s'a'* en *r.r'* et *sc.s'c'* en *t.t'*, de manière que *o.o'* soit le milieu de *rt.r't'* (voy. la construction sur l'épure). Menons par ce même point une droite *uv.u'v'* dans le plan des arêtes *sb.s'b'*, *sc.s'c'*, et qui les rencontre respectivement en *u.u'* et *v.v'*, de manière que *o.o'* soit le milieu de *uv.u'v'* ; menons par *l.l'* des parallèles à ces droites ; le plan de ces parallèles, qui est le plan du parallélogramme demandé, rencontre *so.s'o'* en un point *f.f'*, qui est le point de rencontre des diagonales ; comme ces diagonales sont parallèles à *rt.r't'* et *uv.u'v'*, le parallélogramme est déterminé.

COMPOSITION DONNÉE AUX CANDIDATS A SAINT-CYR

EN 1862.

17. *On donne sur un plan horizontal un quadrilatère ABCD (fig. 179). Par la droite EF, qui joint les points de concours des sommets opposés, on fait passer un plan incliné sur le plan horizontal d'un angle donné. Dans ce nouveau plan on décrit sur EF comme diamètre une circonférence et l'on prend un point S de cette circonférence pour sommet d'un angle polyèdre formé par les quatre plans SAB, SBC, SCD et SAD. On demande de déterminer la projection horizontale et la vraie grandeur de la section faite dans cet angle polyè-dre par un plan parallèle au plan ESF et passant par un point donné.*

Nota. *On rendra compte de la forme remarquable de la section.*

$AB = 83^{mm}$, $BC = 71^{mm}$, $AD = 22^{mm}$, $ES = 96^{mm}$.

Angle ABC $= 109°$, *Angle* BAD $= 120°$.

Inclinaison de ESF *sur le plan horizontal* $= 75°$.

Point donné B.o' — B' $o' = 86^{mm}$.

CONSTRUCTION. Le plan sécant étant mené parallèlement à
un plan qui passe par EF, il conviendra de prendre la ligne
de terre perpendiculaire à EF ; avec cette disposition le plan
sécant étant perpendiculaire au plan vertical de projection, on aura immédiatement les projections verticales des
sommets de l'intersection. On a la trace verticale du plan
FES en menant par le point ε, où FE rencontre la ligne de
terre, la droite εS' faisant avec cette ligne l'angle donné de
75°. Si l'on rabat ce plan autour de EF sur le plan horizontal de projection, le sommet se rabat en S_1 sur la circonférence décrite sur EF comme diamètre, et sur un arc
de cercle décrit du point E comme centre, avec la distance
donnée 96^{mm} pour rayon. Si l'on remet le plan dans sa position première, le sommet rabattu en S_1 a pour projections S, S' ; en joignant ce point aux sommets A.A', B.B',
C.C', D.D' du quadrilatère donné, on a les projections de
l'angle polyèdre demandé.

Le plan sécant a sa trace verticale $o'm$ parallèle à S'ε
et sa trace horizontale mn perpendiculaire à la ligne de
terre ; ce plan coupe les arêtes de l'angle solide aux
points $a.a'$, $b.b'$, $c.c'$, $d.d'$.

Si l'on fait tourner le plan nmo' autour de sa trace horizontale nm pour l'appliquer sur le plan horizontal de
projection, on obtient facilement le rabattement $a_1 b_1 c_1 d_1$
de la section et par suite sa vraie grandeur.

12

Cette section est un rectangle ; en effet, dans l'espace, l'angle rabattu suivant $c_1\, b_1\, a_1$ est égal l'angle rabattu suivant ES_1F, car ces angles ont pour côtés des sections faites par les faces de la pyramide dans deux plans parallèles ; or l'angle ES_1F est droit comme inscrit dans une demi-circonférence ; il en est donc de même de l'angle $c_1 a_1 b_1$. — On verrait de même que les trois autres angles de la section sont respectivement égaux pour la même raison aux trois autres angles formés par ES_1 et S_1F ; donc tous ces angles sont droits.

COMPOSITION DONNÉE AUX CANDIDATS A SAINT-CYR

EN 1863.

18. *Dans la pyramide quadrangulaire* SABCD (fig. 180) *dont le sommet est en* S, *on donne* $SA = SB = SD = 88^{mm}$, $AB = 79^{mm}$, $AD = 58^{mm}$, *angle* $DAB = 90°$, *angle* $ADC = 111°$, *angle* $ABC = 69°$: *on demande de construire les projections de ce solide en plaçant à volonté la base* ABCD *sur le plan horizontal.*

On déterminera ensuite :

1° *L'angle des faces* SAB, ABCD *et celui des faces* SBC, SCD ;

2° *Les projections et la vraie grandeur de la section faite dans le solide par le plan bissecteur de l'angle dièdre dont* AB *est l'arête ;*

S, 3° *Le rayon de la sphère qui passe par les quatre points* A, B, D, *et l'on démontrera que cette sphère passe aussi par le point* C.

CONSTRUCTION. On construira d'abord avec les éléments

donnés la base ABCD de la pyramide, et l'on prendra pour ligne de terre une perpendiculaire à AB, afin de déterminer facilement la trace verticale du plan bissecteur de l'angle dièdre dont AB est l'arête, et par suite la section faite par ce plan dans la pyramide.

On construira le rabattement S_1 AB de la face SAB, au moyen des longueurs données pour SA et SB; le sommet aura sa projection horizontale sur la perpendiculaire $S_1 m$ menée de S_1 sur AB; comme les arêtes SA et SD sont égales, la projection de ce sommet se trouve aussi sur la perpendiculaire menée sur AD par son milieu; cette projection S est donc déterminée; la projection verticale correspondante se trouve sur une perpendiculaire menée de S à la ligne de terre et à une distance de A′ projection de AB égale à mS_1 qui, relevé, est parallèle au plan vertical.

1° L'angle des faces SAB, ABCD, toutes deux perpendiculaires au plan vertical de projection, est l'angle S′ A′ C′ formé par leurs traces verticales.

Pour déterminer l'angle dièdre dont SC est l'arête, on mène un plan quelconque perpendiculaire à cette arête; soit *rbt* perpendiculaire à SC la trace de ce plan : si l'on appelle K le point où ce plan rencontre l'arête, dans le rabattement du plan autour de *rt* le point K se placera sur *bc* à une distance égale à la perpendiculaire menée dans l'espace du point *b* sur l'arête SC. Cette perpendiculaire a été obtenue en vraie grandeur en *bl*, au moyen du rabattement du plan vertical de l'arête SC; l'angle est rabattu en vraie grandeur suivant *rkt*.

2° Le plan bissecteur de l'angle dièdre, dont l'arête est AB, a pour trace verticale A′*p′q′*, bissectrice de S′A′C′; la section a pour projection verticale $A'p'q'$, pour projection horizontale $ApqB$; elle est rabattue en vraie grandeur suivant $Ap_1 q_1 B$.

3° Le centre de la sphère, qui passe par les points S, A, B, D, se trouve sur la verticale menée par S, puisque cette ligne est l'intersection des plans menés perpendiculairement au milieu des arêtes horizontales AB et AD ; il est aussi sur la perpendiculaire menée par le centre de la face SAB ; ce centre rabattu en γ_1 est projeté verticalement en γ' ; le point o' de rencontre de $S'o'$ avec la perpendiculaire $\gamma'o'$ à $A'S'$ est la projection verticale du centre cherché ; le rayon est $o's'$.

Cette sphère coupe le plan horizontal de projection suivant un petit cercle qui passe par les points A, B, D ; ce petit cercle passe aussi par le point C, car, d'après les données, le quadrilatère ABCD est inscriptible $(111 + 69°$
$= 180°)$.

COMPOSITION DONNÉE AUX CANDIDATS A SAINT-CYR

EN 1864.

19. 1° *Dans un tronc de pyramide régulière à base hexagonale* (fig. 181) *le côté de la grande base est égal à* $0^m,05$, *chaque arête latérale est égale à* $0^m,065$; *les angles que font les arêtes latérales avec les côtés adjacents de la grande base valent chacun 80° : on demande de déterminer les projections du tronc en l'appuyant par la grande base sur le plan horizontal.*

2° *Ce tronc étant supposé réduit à sa surface et la base supérieure étant enlevée, on déterminera les parties visibles de la partie intérieure en supposant l'œil placé à une hauteur de* $0^m,71$ *au-dessus du plan horizontal sur la verticale menée par un des sommets de la grande base.*

CONSTRUCTION. 1° Soit *abcdf* la grande base située sur le plan horizontal de projection et dont la diagonale *eb*, passant par le pied *e* de *e.e″*, est parallèle à la ligne de terre. Si l'on rabat autour de *bc* la face que détermine ce côté de la base, l'arête latérale qui passe par *b* sera rabattue suivant *bg₁* faisant avec *bc* l'angle de 80°, et dont la longueur *bg₁* est égale à la longueur donnée $0^m,65$. Toutes les arêtes latérales ont leurs projections horizontales dirigées vers le centre *o* de la base; on obtiendra donc facilement la projection horizontale *g* du sommet rabattu en *g₁* et qui se trouve sur l'arête projetée en *ob*; l'arête projetée en *bg* est parallèle au plan vertical de projection; elle se projette donc en vraie grandeur sur ce plan, et le point projeté en *g* a sa projection verticale *g′* sur la perpendiculaire menée par *g* à la ligne de terre, et sur l'arc décrit de *b′* comme centre avec *bg₁* pour rayon. On a donc les projections *g, g′* d'un sommet de la base supérieure; on en déduit facilement les projections du tronc de pyramide.

2° Soit *e.e″* le point donné sur la verticale qui passe par le point *e;* les rayons visuels qui partent de ce point et qui glissent sur *mln* forment deux plans dont il faut déterminer les intersections avec les faces latérales *abg, afm, cbg, cdn* du tronc de pyramide donné. — Considérons le plan mené par *lm* et *e.e″* et la face *abg;* les droites *el.e″l′, gb.g′b′* de ces deux plans, situées dans un même plan vertical, se coupent au point *i.i′*; la trace horizontale de *el. e″l′* est *h;* la trace horizontale du plan déterminé par *e.e″* et *lm.l′m′* est *hs* parallèle à *lm;* cette trace rencontre *ab* prolongé en un point *s*, qui est la trace horizontale de l'intersection des deux plans ; *sik*, *s'i'k'* sont donc les projections de cette intersection ; au point *k*.*k'* de l'intersection, situé sur *ap*.*a'p'*, l'intersection passe sur la face *afmp* ; les points *k*.*k'*, *m*.*m'*, communs à cette face et au plan mené par *lm*, appartiennent à l'intersection ; *km*, *k'm'* sont donc les projections d'une seconde partie de l'intersection. On trouve une autre partie de l'intersection symétrique de la première par rapport à *eb* projetée horizontalement suivant *ik₁n*, et verticalement suivant *i'k'n'*.

COMPOSITION DONNÉE AUX CANDIDATS A SAINT-CYR

EN 1865.

20. *Trouver les projections de l'intersection d'une pyramide régulière pentagonale dont la base est sur le plan horizontal avec un plan perpendiculaire au plan vertical* (fig. 182).

On prendra les données suivantes :

PYRAMIDE. {
Le côté du pentagone qui sert de base a $0^m,07$ *de longueur.*

L'un des côtés est situé sur une parallèle à la ligne de terre menée à une distance de $0^m,03$.

Hauteur de la pyramide, $0^m,1$.
}

PLAN. . . {
Le plan sécant fait avec le plan horizontal un angle égal à 30°, *il est à une distance de* $0^m,05$ *du sommet de la pyramide.*
}

Après avoir déterminé les projections de l'intersection, on cherchera l'angle de deux faces latérales de la pyramide.

CONSTRUCTION. On a facilement les projections SABCD,

S′ A′B′C′D′ de la pyramide ; pour avoir la trace verticale du plan sécant, on mènera une droite quelconque $\alpha\beta$ faisant avec la ligne de terre un angle de 30°, et l'on mènera parallèlement à cette droite une tangente à la circonférence décrite de S′ comme centre, avec un rayon égal à 0,05. On a immédiatement les projections verticales $m′, n′, p′, q′, r′$ des cinq sommets de la section , on obtient facilement les projections horizontales m, n, p, q de quatre d'entre eux ; pour le cinquième $r.r′$, qui est sur l'arête SD.S′D′, située dans un plan perpendiculaire à la ligne de terre, on rabattra autour de SD le plan vertical projetant de cette arête ; le point S vient en S″, l'arête SD devient S″D et le point projeté verticalement en $r′$ se place en $r″$, d'où l'on déduit la projection horizontale r.

Le rabattement du plan vertical SD sert encore à obtenir la hauteur fg du triangle EGC, formé par un plan perpendiculaire à SD et qui donne l'angle dièdre dont SD est l'arête.

COMPOSITION DONNÉE AUX CANDIDATS A L'ÉCOLE DE MARINE
EN 1864.

21. *Trouver sur un plan donné un point qui soit à des distances données de deux points donnés, l'un dans le plan vertical, l'autre dans le plan horizontal.*

Solution. Soient A (fig. 183) l'un des points donnés et MN le plan sur lequel on cherche le point. Soit P le point demandé tel que AP soit égal à la longueur correspondante donnée ; si l'on abaisse la perpendiculaire AC sur le plan MN et si l'on joint le point C au point P, le côté CP du triangle rectangle ACP a une grandeur déterminée, puisque l'hypoténuse AP et le côté AC ont des longueurs connues. Le point cherché P se trouve donc sur une circonférence de rayon connu, décrite dans le plan MN du pied C de la perpendiculaire AC pour centre; si l'on raisonne de la même manière pour le point B, on voit que le point cherché se trouve à l'intersection de deux circonférences.

CONSTRUCTION. Soient donnés le point A (fig. 184) dans le plan horizontal, le point B' dans le plan vertical, le plan MβN et les longueurs l et k. Menons par A un plan vertical perpendiculaire au plan MβN; rabattons ce plan autour de sa trace horizontale AD, l'intersection de ce plan avec MβN est rabattue suivant DE, le pied de la perpendiculaire menée du point A sur le plan vient en F, et si, du point A comme centre avec l pour rayon, nous décrivons un arc de cercle, la distance du point G de rencontre avec EF au point F donne le rayon de la circonférence à décrire dans le plan MβN du pied de la perpendiculaire menée du point A. Si l'on rabat le plan MβN autour de Mβ sur le plan horizontal, le point F vient en F_1, et la circonférence décrite de F_1 comme centre avec FG pour rayon contient le rabattement du point cherché. Si l'on opère de même pour le second point B', on obtient une seconde circonférence qui coupe la première en deux points C_1 et O_1. Ces points relevés donnent les projections $c \cdot c'$, $o \cdot o'$, qui satisfont à la question.

COMPOSITION DONNÉE AUX CANDIDATS A L'ÉCOLE

DE MARINE EN 1865.

22. *On donne les projections d'une pyramide* **triangulaire** *reposant sur le plan horizontal et un plan quelconque (fig. 185). On fait tourner la pyramide autour de la trace*

horizontale du plan jusqu'à ce que le sommet soit dans le plan. On demande les projections de la pyramide dans cette position.

Prenons pour plan vertical de projection un plan perpendiculaire au plan donné $P\alpha P_1$ et soient $sabc$, $s'a'b'c'$ les projections de la pyramide. La projection verticale s' du sommet décrit un arc de cercle autour de α comme centre et vient se placer en s'_1 sur αP_1 ; les projections verticales des autres sommets décrivent autour de α des arcs de cercle correspondants à des angles au centre égaux à $s'\alpha P_1$, et l'on obtient ainsi les projections nouvelles a'_1, b'_1, c'_1 qui, comme vérification, doivent se trouver encore en ligne droite, puisque, dans ce mouvement de rotation, le plan des trois points est resté perpendiculaire au plan vertical. Les arcs décrits par les sommets étant parallèles au plan vertical, les projections horizontales se déplacent parallèlement à la ligne de terre ; on obtient donc facilement les nouvelles projections horizontales s_1, a_1, b_1, c_1.

Dans le cas où le plan donné $P\alpha P_1$ aurait ses traces dans des positions quelconques, on se servirait d'un plan vertical auxiliaire perpendiculaire au plan donné ; à l'aide de ce plan, on déterminerait, comme dans le cas précédent, la projection horizontale, et de cette projection on passerait facilement à la projection sur le premier plan vertical, puisque la projection auxiliaire fait connaître les distances de tous les points au plan horizontal de projection.

COMPOSITION DONNÉE AUX CANDIDATS A SAINT-CYR
EN 1866.

23. *Un prisme droit a pour base un hexagone régulier ABCDEF dont le côté vaut $0^m,034$. Sur les arêtes latérales* *qui partent des sommets* A, B, C *de la base on prend les longueurs* AG $= 0^m,068$, BH $= 0,055$, CI $= 0,025$. *Par les trois points* G, H, I *on fait passer un plan* p *qui détermine le tronc de prisme compris entre ce plan et la base* ABCDEF. *On demande de construire :*

1° *Les projections horizontale et verticale de ce tronc, en posant la base* ABCDEF *sur le plan horizontal, de manière que le côté* AB *soit perpendiculaire à la ligne de terre ;*

2° *La partie du plan horizontal cachée par le tronc de prisme, l'œil étant placé au-dessus du plan* p *à la distance* $0^m,122$ *sur la perpendiculaire à ce plan menée par le point où l'axe du prisme le rencontre.*

SOLUTION.

1° Soit ABCDEF (fig. 186) la base donnée ; les arêtes verticales AG, BH, CI sont projetées en vraie grandeur suivant A'G', A'H', C'I'. Pour avoir la projection verticale du point où l'arête, dont le pied est en E, rencontre le plan p des extrémités G, H, I, considérons la droite qui, dans le plan p, joint ce point au point H projeté en B.H' ; cette droite a pour projection horizontale EB ; elle rencontre la diagonale de la base supérieure projetée en AC.G'I' au point $m.m'$; H'm' est donc la projection verticale de cette droite[1] ; le point E'$_1$, où H'm' rencontre la perpendiculaire à la ligne de terre menée par E, est donc la projection verticale cherchée. Pour déterminer les projections verticales des deux autres sommets, on remarquera que les côtés de la base supérieure projetés suivant EF et BC sont

---

[1] On peut construire plus simplement H'm'E$_1$, en observant que m' est le milieu de G'I'.

parallèles comme intersections de deux plans parallèles par un troisième et qu'il en est de même des côtés projetés suivant CD et AF ; il suffit donc de mener $E_1' F_1'$ parallèle à $I'I_1'$ et $I'D'$ parallèle à $G'F_1'$; les points F_1', D_1 sont les projections verticales des deux derniers sommets de la base supérieure.

2° L'axe du prisme rencontre le plan de la base supérieure au point projeté horizontalement en o, centre de la base, verticalement en o', point de rencontre des diagonales de la projection de la base supérieure. Pour mener par ce point une perpendiculaire de longueur donnée au plan p, menons de ce point un plan vertical perpendiculaire à p (106) et dans ce plan vertical une perpendiculaire égale à la longueur donnée à l'intersection. Soit $En.E_1'n'$ l'horizontale du plan p qui passe par le point $E.E_1'$; le plan vertical mené par $o.o'$ rencontre cette horizontale au point projeté horizontalement en r ; si donc on fait tourner ce plan vertical autour de son horizontale or pour le rendre horizontal, le point $o.o'$ vient se placer en O_1 sur la perpendiculaire oO_1 à or, à la distance de o égale à $o'\omega$, distance de $o.o'$ au plan horizontal de or ; l'intersection de ce plan et de p est rabattue suivant O_1r, et la perpendiculaire cherchée suivant LO_1 perpendiculaire à rO_1 et égale à la longueur donnée. Si on relève le plan vertical rabattu, le point L aura sa projection horizontale l au pied de la perpendiculaire Ll menée de L sur or, et sa projection verticale l' à une distance $\lambda l'$ de $E_1'n'$ égale à Ll.

Pour déterminer la partie du plan horizontal qui est cachée, il suffit de joindre le point $l.l'$ aux sommets $E.E_1'$, $F.F_1'$, $A.G'$, $B.II'$, $C.I'$ et de déterminer les traces horizontales $\varepsilon, \varphi, \alpha, \beta, \gamma$ de ces droites ; la partie du plan hori-

zontal comprise entre la base du prisme et la ligne polygonale $E\varepsilon\varphi\delta\gamma C$ satisfait à la question.

On a marqué par des hachures la partie cachée.

COMPOSITION DONNÉE AUX CANDIDATS A SAINT-CYR
EN 1867.

24. *Un tétraèdre régulier SABC (fig. 187), dont les arêtes
ont pour valeur commune* 58^{mm}, *repose par sa base ABC sur
le plan horizontal, de manière que l'arête AB est parallèle à
la ligne de terre et le sommet C en avant de AB. Sur chacune
des faces latérales SAB, SAC, SBC comme base, on construit
un prisme droit dont la hauteur est égale à l'arête du tétraèdre. On obtient ainsi un polyèdre* p, *composé de l'ensemble
du tétraèdre et des trois prismes, et l'on demande de construire :*

1° Les deux projections de ce polyèdre p;

2° La section du polyèdre p *par un plan horizontal mené
par le centre de gravité du tétraèdre.*

SOLUTION.

1° Le sommet de la pyramide est projeté horizontalement au point s centre du triangle ABC. Pour avoir la hauteur, rabattons sur le plan horizontal le plan vertical
projetant de l'arête BS; le sommet sera rabattu en S_1 sur
la perpendiculaire sS_1, menée de s à Bs à une distance de
B égale à une arête, et par conséquent égale à BC. Cette
hauteur sS_1 permet de construire la projection verticale
s' du sommet et par suite celle de la pyramide.

Pour déterminer une arête latérale du prisme droit qui
a pour base ASC, nous remarquerons que le plan vertical

projetant de SB est perpendiculaire à la face ASC et par suite contient l'arête menée par S. La section faite par ce plan dans la face ASC est rabattue suivant mS_1, et par suite l'arête suivant S_1D_1 perpendiculaire à mS_1 et égale à AB. Ce point D_1 relevé a pour projection horizontale le pied d de la perpendiculaire menée de D_1 sur Bs prolongé, et pour projection verticale le point d' situé à une distance de la ligne de terre égale à $D_1 d$.

Les arêtes latérales des trois prismes demandés ont leurs projections horizontales égales à sd et respectivement perpendiculaires aux traces horizontales des faces correspondantes. L'arête projetée en Ae a pour projection verticale A$'e'$ égale et parallèle à $s'd'$; les parallèles à xy menées par d' et e' contiennent les projections verticales de toutes les extrémités supérieures des arêtes ; ces projections sont donc déterminées.

2° Le plan horizontal $p'q'$ mené par le centre de gravité du tétraèdre, c'est-à-dire à une distance du plan horizontal égale au quart de la hauteur, coupe une arête Ae. A$'e'$ au point $r.r'$, l'arête SA. S$'$A$'$ au point $t.t'$, les faces SAC, efc suivant les droites tk, rg parallèles à l'arête horizontale commune AC. Les deux autres prismes sont coupés suivant des trapèzes dont les projections horizontales sont identiques au trapèze $rtkg$.

Remarque. Il est facile de démontrer par le calcul que le point g se trouve sur le prolongement de la perpendiculaire menée de A sur la ligne de terre ; par suite, sa projection verticale g', qui est le point de rencontre de $c'.f'$ et $p'q'$, est située en même temps sur la projection verticale de l'arête latérale menée par le point A ; on a donc comme vérification sur le plan vertical trois droites qui concourent en un même point.

On a représenté le résultat en supposant enlevée la partie du solide supérieure au plan sécant $p' q'$.

COMPOSITION DONNÉE AUX CANDIDATS A L'ÉCOLE DE MARINE
EN 1867.

25. Étant donné un parallélipipède placé d'une manière quelconque par rapport aux plans de projection et dont A, B, C représentent trois arêtes contiguës, on propose d'amener le parallélipipède par trois rotations successives : la première autour d'un axe vertical, la deuxième autour d'un axe perpendiculaire au plan vertical, la troisième autour d'un axe vertical, dans une position telle que les arêtes A et B soient parallèles au plan horizontal, et l'arête C parallèle au plan vertical.

SOLUTION.

On construira d'abord une horizontale de la face déterminée par les arêtes A et B ; on fera tourner la figure autour d'un axe vertical, de manière que cette horizontale devienne perpendiculaire au plan vertical ; dans cette position, le plan de la face des arêtes A et B sera perpendiculaire au plan vertical. On pourra le rendre horizontal en faisant tourner la figure autour d'un axe perpendiculaire au plan vertical d'une quantité angulaire égale à l'angle de sa trace verticale avec la ligne de terre. Enfin on fera de nouveau tourner la figure autour d'un axe vertical, de manière que la projection horizontale de l'arête C devienne parallèle à la ligne de terre.

Les trois axes peuvent avoir des positions quelconques.

— Nous les prendrons tous trois passant par le point commun aux trois arêtes données, de sorte que ce point restera immobile dans les trois mouvements de rotation.

Soient $A.A'$, $B.B'$, $C.C'$ les trois droites données ayant pour extrémité commune le point $n.n'$ et pour seconde extrémité : la 1re $m.m'$, la 2^e $q.q'$, et la 3^e $r.r'$. L'horizontale de la face de $A.A'$ et $B.B'$ menée par $m.m'$ a pour projection verticale $m'g'$ parallèle à la ligne de terre, elle rencontre $B.B'$ au point $g.g'$ et a pour projection horizontale mg. Si l'on fait tourner la figure de manière que mg devienne perpendiculaire à la ligne de terre, le pied l de la perpendiculaire abaissée de n sur mg devient l_1, situé sur la parallèle menée de n à la ligne de terre, et l'angle lnl_1 est l'angle du mouvement de rotation. Pour obtenir les positions nouvelles des extrémités $m.m'$, $q.q'$, $r.r'$, décrivons une circonférence de rayon quelconque du point m comme centre, et portons l'arc $\alpha\beta$ qui mesure l'angle lnl_1 sur cette circonférence, à partir de ses points de rencontre avec nm, nq, nr et dans le sens ll_1 ; en joignant les extrémités au point n, on aura les projections horizontales des arêtes dans la nouvelle position, et par suite les projections des extrémités, puisque les projections horizontales sont restées à la même distance n et que les projections verticales se sont transportées parallèlement à la ligne de terre.

Comme vérification, les nouvelles projections n', m'_1, q'_1 des extrémités de $A.A'$ et $B.B'$ sont en ligne droite, puisque le plan de ces points est maintenant perpendiculaire au plan vertical.

Si l'on fait tourner la figure autour de la perpendiculaire au plan vertical menée par $n.n'$, de manière à rendre horizontal le plan de $A.A'$ et $B.B'$, n m'_1 q'_1 devient $n'm'_2q'_2$

parallèle à la ligne de terre ; l'angle $m'_1 n\, m'_2$ est l'angle du mouvement et on en déduit facilement la nouvelle position $n'r'_2$ de $n'r'_1$. Il est facile de déduire de là les projections $m_2 . m'_2$, $q_2 . q'_2$, $r_2 . r'_2$ des secondes extrémités de toutes les arêtes.

Enfin si l'on fait tourner la figure autour de la verticale du point $n . n'$, de manière à rendre C.C′ parallèle au plan vertical, nr_2 devient nr_3 ; $r_2 nr_3$ est l'angle du mouvement. Au moyen de la circonférence déjà employée, on obtient facilement les projections des arêtes dans la nouvelle position, et par suite les nouvelles projections $m_3 . m'_3$, $q_3 . q'_3$, $r_3 . r'_3$ des extrémités. Pour avoir la projection horizontale du parallélipipède, on construira le parallélogramme déterminé par nm_3 et nq_3, et par les sommets on mènera des droites égales et parallèles à nr_2, puis on joindra les extrémités. Il sera facile de déterminer la projection verticale limitée à deux parallèles à la ligne de terre.

Remarque. La solution de ce problème est indiquée au dernier alinéa du paragraphe 144 de cet ouvrage.

En effet, le plan des droites A et B devant être rendu horizontal, une perpendiculaire à ce plan devient verticale. On est donc ramené à ce problème : rendre une droite verticale par un double mouvement de rotation, l'un autour d'un axe vertical, l'autre autour d'un axe perpendiculaire au plan vertical.

SUJET DE COMPOSITION DONNÉ EN 1869 AUX CANDIDATS
A L'ÉCOLE NAVALE.

26. *On donne la projection horizontale d'un parallélipipède rectangle et la projection verticale d'un sommet : construire la projection verticale du parallélipipède.*

Soient $abcd$ $a_1b_1c_1d_1$ la projection horizontale donnée et
$a.a'$ le sommet qui fixe la position du parallélipipède. Le
parallélipipède devant être rectangle, l'arête projetée en
aa_1 est perpendiculaire au plan des deux arêtes projetées en ab et ad ; la perpendiculaire bm, menée de b sur
aa_1, est donc la projection horizontale de l'horizontale
de ce plan qui passe par le sommet B_1 ; mab est la
projection horizontale d'un triangle rectangle en A,
qu'il est facile de rabattre en mA_1b sur le plan horizontal de mb, au moyen d'une circonférence décrite sur
mb comme diamètre ; A_1 étant le rabattement du sommet projeté en a, on voit que le point A de l'espace est à
une distance du plan du rabattement égale à aA_1, côté de
l'angle droit d'un triangle rectangle, dont A_1l est l'hypoténuse et al le second côté de l'angle droit ; on connait donc
la distance de a' à la projection verticale $m'b'$ de mb
(cette distance peut être portée dans un sens ou dans l'autre) ; on en déduit les projections verticales $a'b'$ et $a'm'$;
on prolonge $a'm'$ jusqu'à la rencontre c' de la perpendiculaire à xy menée par c, et l'on a ainsi les projections verticales $a'b'$, $a'c'$ de deux arêtes.

Pour avoir la projection verticale de la troisième arête,
qui passe par le point $a.a'$, on remarquera que cette arête
perpendiculaire au plan des deux autres a sa projection
verticale perpendiculaire à la trace verticale de ce plan ou
à la projection verticale de toute droite de ce plan parallèle au plan vertical de projection. Menons la projection
horizontale mn parallèle à xy d'une droite qui satisfait à
cette condition ; cette droite rencontre $ab.a'b'$ au point
$m.m'$, $ac.a'c'$ au point $n.n'$; $a'l$ perpendiculaire à $m'n'$ est
la projection verticale de la troisième arête qui passe par
$a.a'$ et le sommet projeté en a_1 donne la projection verti-

cale a'_1. Il suffira alors d'achever le parallélogramme déterminé par ab et ac et de mener par tous les sommets des droites égales et parallèles à $a'a'_1$; on aura ainsi tous les sommets de la projection verticale.

SUJET DE COMPOSITION DONNÉ EN 1869 AUX CANDIDATS
A SAINT-CYR.

27. *1° Un prisme droit a pour base un hexagone régulier. Le côté de la base vaut 31 millimètres et la hauteur du prisme est quintuple du côté de la base. Une face latérale coïncide avec le plan horizontal de projection, les arêtes latérales faisant avec la ligne de terre un angle de 30°. On demande de construire les projections de ce prisme.*

2° Soit o le point milieu de l'arête latérale supérieure qui est le plus en avant du plan vertical. On considère les points situés sur les arêtes latérales et qui sont à la même distance du point o, distance égale au double du côté de la base; on joint chacun de ces points au point voisin situé sur l'arête suivante; on obtient ainsi une ligne polygonale tracée sur la surface du prisme. On demande de construire les projections de cette ligne.

1° Soit aa_1 (fig. 132) une arête latérale de la face qui est située sur le plan horizontal; nous avons vu comment, au moyen du rabattement abCDEF de la base menée par a, on peut obtenir les projections $cbaf$, $a'b'c'd'e'f'$ d'une base et par suite la projection du prisme.

2° Les points demandés, qui sont sur les arêtes à une distance égale à la diagonale aD, sont les points de rencontre de ces arêtes avec la sphère qui a pour centre $o.o'$ et pour rayon aD. Cette sphère coupe le plan des arêtes supérieures suivant une circonférence de grand cercle qui donne les quatre points $\alpha.\alpha', \beta.\beta', \gamma.\gamma', \delta.\delta'$; elle coupe le plan des deux arêtes situées à égales distances des faces supérieure et inférieure suivant la circonférence $om.o'm'$, qui donne les quatre points $\varepsilon.\varepsilon', \zeta.\zeta', \eta.\eta', 0.0'$; enfin elle coupe le plan de la face inférieure, qui est le plan horizontal suivant la circonférence $on.o'n'$, qui donne les trois points $\mu.\mu', \nu.\nu', \omega.\omega'$.

On remarquera que l'arête aa_1 est à une distance du centre égale à aD, c'est-à-dire égale au rayon; cette droite est donc tangente à la sphère; voilà pourquoi on n'obtient qu'un point $\omega.\omega'$ sur cette arête.

En joignant les points obtenus comme l'indique l'énoncé, on obtient pour la ligne polygonale demandée $\omega\eta\gamma\alpha\varepsilon\mu0\delta\beta\zeta\gamma.\omega'\eta'\gamma'\alpha'\varepsilon'\mu'\omega'0'\delta'\beta'\zeta'\gamma'$.

SUJET DE COMPOSITION DONNÉ EN 1870 AUX CANDIDATS

A SAINT-CYR.

Planche 23, figure 193.

28. *Une pyramide régulière, dont le sommet est* S, *a pour base l'hexagone régulier* ABCDEF. *Chaque arête latérale vaut* 127^{mm}, *et chaque côté de la base* 53^{mm}. *La face latérale* SAB *est appliquée sur le plan horizontal de projection, de manière que* AB *est perpendiculaire à la ligne de terre et le point* A *plus près de cette ligne que le point* B. *Cela posé on demande de construire:*

1° Les projections de cette pyramide.

2° Les projections d'une seconde pyramide régulière de même base que la première, et dont les arêtes latérales sont les 2/3 de celles de la première, le sommet de cette seconde

*pyramide étant placé au delà de la base commune par rap-
port au sommet S.*

*3° Les projections et la vraie grandeur de la section faite
dans l'ensemble des deux pyramides par un plan vertical
mené par le point B et le point situé aux deux tiers de l'arête
SA à partir du point S.*

SOLUTION.

1° La face SAB, dont on connait les trois côtés, peut se
tracer immédiatement en projection horizontale. Elle se
projette verticalement sur la ligne de terre en S′ (A′B′).

Le côté ED de l'hexagone opposé à AB est projeté verticalement suivant un point situé à la distance S′ (A′B′) du
point S′, dont la projection verticale (E′D′) se trouve sur
un premier arc de cercle décrit de S′ comme centre avec
S′ (A′B′) comme rayon.

D'autre part, la distance (E′D′) (A′B′) est égale à la distance vraie des côtés correspondants de l'hexagone ou au
double de l'apothème rabattu en $m\omega$ autour de AB comme
charnière. Par conséquent (E′D′), se trouve sur un deuxième
arc de cercle décrit de (A′B′) comme centre avec $mm_{\prime}$
$= 2\,m\omega$ comme rayon.

L'intersection de ces deux arcs de cercle donnera la
projection verticale (E′D′) et ensuite la projection horizontale ED, AE et BD, étant parallèles au plan vertical.

Le milieu (F′C′) de (A′B′) (E′D′) est la projection verticale
commune aux sommets F et C, d'où l'on passera à la
projection horizontale en menant (F′C′) o parallèle à AB, et
portant de part et d'autre du point o, centre de l'hexagone en projection horizontale, des longueurs oF, oc égales
au rayon. Les projections de la première pyramide s'ob-

tiendront en joignant le sommet projeté en S, S′ aux sommets de l'hexagone projetés en A, B, C, D, E, F et (A′B′), (C′D′), (F′C′).

2° La deuxième pyramide demandée, étant régulière et de même base que la première, a même axe qu'elle; donc, son sommet (S_1, S_1') se trouvera sur le prolongement de la droite So, S′ (F′C′).

Il se trouve aussi sur un arc de cercle décrit de (A′B′) comme centre avec la hauteur de la face S_1 AB comme rayon. Un rabattement de cette face autour de AB comme charnière fournit immédiatement cette longueur en σm.

L'intersection de la projection verticale S′ (F′C′) de l'axe et d'un arc de cercle décrit de (A′B′) comme centre avec σm comme rayon, donnera la projection verticale S_1' du sommet cherché, d'où la projection horizontale S_1, ce qui détermine complétement la deuxième pyramide.

3° Les projections (aBc_1d_1pef), $(a'B'c'_1d'_1D'e'f')$ de la section faite par le plan vertical BTR dans le solide formé par l'ensemble des deux pyramides, et le rabattement $(\alpha\beta\gamma\delta\pi\varepsilon\varphi)$ de cette section sur le plan vertical, s'obtenant exactement d'après les méthodes indiquées dans l'ouvrage, il semble inutile d'insister davantage.

SUJET DE COMPOSITION DONNÉ EN 1872 AUX CANDIDATS

A SAINT-CYR.

Planche 23, figure 191.

29. *Une pyramide triangulaire SABC a sa base ABC appliquée sur la partie antérieure du plan horizontal. L'arête AB est parallèle à la ligne de terre, et le sommet C, en avant de l'arête AB. On donne en millimètres AD = AC = 116,*

$BC = 147$, $SA = SB = SC = 104$. *Cela posé, on demande de construire :*

1° *La projection de la pyramide ;*

2° *Les projections de la section faite par un plan perpendiculaire à l'arête SA, mené par le point de cette arête situé au quart de sa longueur à partir du sommet S ;*

3° *Les projections des points situés sur l'arête SA, d'où l'on voit l'arête BC sous un angle droit.*

SOLUTION.

1° Le triangle de base ABC se construit immédiatement d'après les données, puisqu'on en connaît les trois côtés.

Les arêtes SA, SB, SC devant être égales, le sommet sera à la fois dans chacun des plans menés perpendiculairement à AB, AC, CB par les points milieux δ, ε, η de ses côtés. La projection horizontale du sommet S sera donc au point de rencontre des droites menées perpendiculairement aux côtés de la base par δ, ε, η. Il est bon de remarquer que, AB, AC étant égaux, la perpendiculaire ηS au milieu de BC passera par le point A.

La hauteur de la pyramide peut être considérée comme un des côtés de l'angle droit d'un triangle rectangle, dont $S\delta$ est l'autre côté, et dont l'hypoténuse est la hauteur de la face SAC (rabattue en AσC) ou $\sigma\delta$. Le rabattement du triangle rectangle autour de $S\delta$ comme charnière donnera la hauteur cherchée $S\sigma'_1$ et permettra de construire les deux projections de la pyramide.

2° Soit $\varphi\varphi'$ le point situé sur SA au quart de cette arête. Le plan mené perpendiculairement a celle-ci par ce point,

aura pour trace VT perpendiculaire à la projection horizontale SA. Cette trace coupe en f_1, f_2, les traces horizontales AB, AC des faces SAB, SAC ; φf_1, φf_2 seront donc les projections des intersections du plan avec ces deux faces et $\varphi_1\varphi_2$ la droite d'intersection avec la troisième. La projection verticale $\varphi'\varphi'_1\varphi'_2$ du triangle d'intersection s'en déduit immédiatement.

3° Le lieu des points d'où l'on voit BC sous un angle droit est une sphère décrite avec $(\eta B = \eta C)$ comme rayon. Les points d'intersection de l'arête SA avec cette sphère seront les points cherchés. Pour les trouver, il suffit de prendre les points où SA rencontre le cercle d'intersection de son plan projetant avec la sphère.

Pour cela on rabattra le plan projetant de SA autour de sa trace horizontale Aη. Le rabattement de l'intersection du plan et de la sphère étant un grand cercle, puisque le plan passe par le centre η, se trouve tout tracé ; c'est le cercle de contour apparent lui-même. Le rabattement de SA est σ_2A. Donc, les rabattements des points cherchés seront μ_1, μ_2 qui, relevés, donneront les projections M_1, M'_1 ; M_2, M'_2.

REMARQUE I. On a supposé enlevée la partie de la pyramide située au-dessus de la section.

REMARQUE II. La trace VT du plan sécant étant perpendiculaire à la projection horizontale SA, est parallèle à CB. Donc, l'intersection $\varphi_1\varphi_2$ du plan et de la face est également parallèle à CB.

COMPOSITION DONNÉE AUX CANDIDATS A L'ÉCOLE NAVALE
EN 1873

30. Étant donné un plan dont la trace verticale fait un angle de 60° avec la ligne de terre et dont la partie visible de la trace horizontale fait un angle de 130°30' avec la trace verticale, trouver les projections d'un cercle satisfaisant aux conditions suivantes :

1° Le plan du cercle est parallèle au plan donné et situé à $9^m,6$ au-dessus de lui ;

2° Le centre du cercle est à $15^m,9$ en avant du plan vertical et à 18 mètres au-dessus du plan horizontal ;

3° Le côté du pentagone régulier inscrit dans le cercle est égal à $6^m,3$.

On construira les angles géométriquement.

L'échelle du dessin sera de 3 mil., 333 par mètre.

SOLUTION

1° Construction des angles (fig. 195) :

La trace verticale faisant avec la ligne de terre oX un angle égal à l'angle au centre de l'hexagone sera obtenue immédiatement en oV.

La trace horizontale, faisant avec oV un angle égal à 130°30' sera avec la perpendiculaire oV' à oV un angle de 40°30'.

$$\text{Mais, } 4 \times (40°30') = 162°$$
$$= 180° - 18°$$
$$= 180° - \frac{360°}{20°}.$$

Donc en prolongeant oV′ en oA et faisant avec oA un angle AoB égal à la moitié de l'angle au centre du décagone régulier ed, on obtiendra comme angle supplémentaire l'angle BoV′ de 162° dont le quart sera l'angle V′oH de 40°30′.

La trace horizontale cherchée sera donc OH.

On peut se servir des constructions déjà faites sur le cercle pour obtenir par similitude le côté cp du pentagone donné et par conséquent le cercle demandé.

2° Si on reporte la figure VoXH parallèlement à elle-même en conservant oX comme ligne de terre, le premier plan de la question aura pour traces PαP′.

Le plan du cercle qui lui est parallèle et qui est situé à 9^m,6 au-dessus de lui aura pour traces (109) RβR′.

L'horizontale du plan située à 18 mètres au-dessus du plan horizontal de projection sera $ab,a'b'$ et sera coupée par le plan parallèle au plan vertical de projection FG tracé à 15^m,9 de celui-ci au point o,o' qui sera le centre du cercle cherché.

On rabattra le point oo' en ω autour de βR comme charnière; on décrira de ce point ω comme centre le cercle πχη égal au cercle précédemment obtenu.

Le relèvement de ce cercle fournira les ellipses de projection demandées.

Pour obtenir la tangente parallèle à une direction donnée sur un des plans de projection, il suffira de mener par le centre oo' du cercle une droite parallèle à la direction, de prendre le rabattement de cette droite autour de βR et de mener au cercle rabattu deux tangentes parallèles à la direction ainsi trouvée.

Le relèvement de ces deux tangentes et de leurs points

de contact donnera les tangentes et les points de contact cherchés sur les plans de projection.

On pourra dans quelques cas se servir avantageusement pour effectuer le relèvement du point de contact du diamètre joignant ces deux points, ou de toute autre droite passant par le centre et s'appuyant sur les deux tangentes.

On a déterminé sur la figure les tangentes perpendiculaires à la ligne de terre et les axes de chacune des ellipses de projection.

APPENDICE

A L'USAGE DES CANDIDATS A L'ÉCOLE DE SAINT-CYR.

PREMIÈRE LEÇON.

DES LIGNES COURBES ET DE LEURS TANGENTES.

1. Toute ligne qui n'est pas droite, ou composée de lignes droites, est *une ligne courbe*.

Lorsqu'une ligne courbe a tous ses points contenus dans un seul et même plan, elle est appelée *courbe plane*. Exemple : le cercle, l'ellipse.

Dans tous les autres cas elle est appelée *courbe gauche* ou *à double courbure*. Exemple : l'hélice.

2. Soit AB, une droite coupant une courbe quelconque aux points A et B. Si on fait tourner la sécante AB autour du point A comme pivot, de façon à diminuer de plus en plus la longueur AB, il arrive un moment où le point B se rapprochant constamment du point A, finit par se confondre avec lui. La droite AB est, dans cette position limite, *la tangente à la courbe au point A.*

Deux courbes sont *tangentes en un point*, quand en ce point elles ont la même tangente.

GÉNÉRALITÉS SUR LES SURFACES.

3. Une *surface* est la limite d'un corps.

On conçoit une surface indépendamment du corps qu'elle limite.

On distingue deux sortes de surfaces : 1° celles dont tous les points sont assujettis à certaines lois déterminées et qu'on appelle *surfaces géométriques ;* 2° celles dont les points ne sont liés entre eux par aucune relation, comme les surfaces de terrain, et qu'on appelle *surfaces topographiques.*

Nous nous occuperons exclusivement des premières.

4. Toute *surface géométrique* peut être considérée comme engendrée par une ligne, droite ou courbe, appelée *génératrice,* qui se meut d'après certaines lois déterminées en changeant quelquefois de forme en même temps que de position.

Généralement la génératrice se meut en s'appuyant sur certaines lignes fixes qu'on appelle *directrices.*

La condition pour la génératrice de s'appuyer sur une ligne fixe est quelquefois remplacée par celle de s'appuyer sur une surface ou de satisfaire à toute autre condition.

5. Une *surface cylindrique,* ou simplement un *cylindre,* est une surface engendrée par une droite AB (fig. 197), assujettie à se mouvoir en s'appuyant sur une ligne donnée EF et à rester constamment parallèle à une droite donnée CD.

Le plan est un cas particulier des surfaces cylindriques ; il suffit, en effet, pour qu'une surface cylindrique se réduise à un plan, que la directrice soit une ligne droite ou une courbe plane, dont le plan est parallèle à la direction donnée CD.

6. Une *surface conique,* ou simplement un *cône,* est une surface engendrée par une droite assujettie à se mouvoir en s'appuyant sur une ligne donnée CD (fig. 198) et à passer constamment par un point fixe A, appelé *sommet du cône.*

Le plan est un cas particulier des surfaces coniques ; il suffit, en effet, pour qu'une surface conique se réduise à un plan, que la directrice soit une ligne droite quelconque ou une courbe située dans un même plan avec le sommet.

Remarque. Les génératrices sont supposées prolongées indéfiniment dans les deux sens ; les deux parties de la surface situées de différents côtés du sommet sont appelées les deux *nappes* du cône.

7. D'une manière générale, une *surface réglée* est une surface susceptible d'être engendrée par une ligne droite.

Soient trois lignes quelconques A, B et C (fig. 200), on peut les considérer comme déterminant généralement une surface réglée. Pour le démontrer, il suffit de faire voir que si l'on prend un point quelconque sur l'une des trois lignes A, B et C, il est possible, en général, de mener par ce point un nombre limité de droites s'appuyant sur les deux autres. Les courbes A, B, C sont nommées *courbes directrices* ou simplement *directrices*.

Soit M un point quelconque de A, concevons deux cônes, ayant ce point M pour sommet commun et pour directrices respectives les lignes B et C ; ces deux cônes de même sommet auront généralement une ou plusieurs génératrices communes telles que MNP ; ces droites passeront par le point M de A et s'appuieront sur les lignes B et C situées sur les deux cônes.

Les directrices A, B, C peuvent être des lignes courbes ou droites ; elles peuvent être remplacées par des surfaces appelées *surfaces directrices*, sur lesquelles doivent s'appuyer les génératrices. Dans quelques surfaces les génératrices au lieu d'être assujetties à s'appuyer sur trois courbes ou surfaces, sont astreintes à rester parallèles à un plan donné appelé *plan directeur*[1].

Parmi les surfaces réglées, celles qui peuvent être déroulées de manière à s'appliquer sur un plan sans déchirure ni duplicature, prennent le nom de *surfaces développables*.

Le cylindre et le cône sont des surfaces réglées développables.

[1] Toute surface réglée peut être considérée comme ayant pour directrices trois lignes telles que A, B, C (fig. 200), car on peut prendre pour directrices trois lignes quelconques tracées sur la surface et rencontrant toutes les génératrices rectilignes.

8. Une *surface de révolution* est une surface engendrée par la révolution entière d'une ligne quelconque ABC (fig. 199) autour d'une droite fixe DE appelée *axe*.

Dans ce mouvement autour de l'axe DE un point M quelconque de la génératrice ABC décrit une circonférence dont le centre O est le pied de la perpendiculaire MO abaissée du point M sur DE et dont le rayon est la distance MO de ce point à l'axe. La circonférence décrite par chacun des points de la génératrice est dite *un parallèle* de la surface de révolution.

On voit que les plans de tous les parallèles, étant perpendiculaires à l'axe, sont parallèles entre eux.

9. Si l'on trace sur une surface de révolution une ligne quelconque GH (fig. 199) qui rencontre tous les parallèles, on peut prendre cette ligne pour génératrice de la surface, car le parallèle engendré par un point quelconque M_1 de cette ligne GH coïncide avec celui qui est engendré par le point M, où il rencontre la génératrice ABC.

10. Si l'on coupe une surface de révolution par un plan quelconque passant par l'axe, on obtient pour section une courbe appelée *méridien*, que l'on prend généralement pour génératrice de la surface.

11. Tous les méridiens sont identiques, car si l'on fait tourner l'un d'eux autour de l'axe, il coïncide successivement avec tous les autres. Quand l'axe est parallèle au plan vertical de projection, on appelle *méridien principal* le méridien parallèle à ce plan vertical.

12. Tous les plans des méridiens sont perpendiculaires à ceux des parallèles, puisqu'ils sont conduits suivant l'axe, auquel tous les plans des parallèles sont perpendiculaires.

13. On peut considérer une surface de révolution comme engendrée par une circonférence OM (fig. 199), dont le plan reste perpendiculaire à une droite fixe DE, dont le centre se meut sur cette droite et dont le rayon varie de manière qu'elle s'appuie constamment sur une ligne fixe ABC.

14. Les surfaces de révolution prennent des noms différents suivant les courbes méridiennes qui leur servent de génératrices.

Un *ellipsoïde de révolution* est la surface engendrée par une ellipse tournant autour d'un de ses axes.

L'ellipsoïde est *allongé* ou *aplati* selon que l'ellipse tourne autour de son grand ou de son petit axe.

Un *hyperboloïde de révolution* est la surface engendrée par une hyperbole tournant autour d'un de ses axes.

L'hyperboloïde est à *deux nappes* ou à *une nappe* selon que l'hyperbole tourne autour de l'axe transverse ou de l'axe perpendiculaire à ce dernier.

Un *paraboloïde de révolution* est la surface engendrée par une parabole tournant autour de son axe.

La sphère est une surface de révolution qui a pour axe un quelconque de ses diamètres.

PRINCIPES SUR LES PLANS TANGENTS.

PROPRIÉTÉS REMARQUABLES LES PLANS TANGENTS AUX SURFACES CONIQUES
ET CYLINDRIQUES. — CONTOURS APPARENTS.

DÉFINITION.

15. Si l'on trace sur une surface, par un quelconque M de ses points (fig. 201), autant de courbes que l'on veut, les tangentes menées par le point M à ces courbes sont situées dans un même plan qu'on appelle le *plan tangent* à la surface au point M.

Les tangentes MT, MR menées par M à deux quelconques A et B de ces courbes déterminent un plan ; il faut donc démontrer que si par le point M on mène une troisième courbe quelconque C sur la surface, la tangente MS menée par M à cette troisième courbe est située dans le même plan.

Considérons A et B comme directrices et C comme génératrice de la surface (C pouvant changer de forme en même temps que de position) ; soit C_1 une position de la génératrice assez voisine de la position C pour que C_1 rencontre A et B ; soient E et F les points de rencontre ; joignons ME, MF et EF ; lorsque la courbe C_1 se rapprochera de C, en engendrant la surface, la sécante ME tendra à devenir la tangente MT, la sécante MF tendra à devenir la tangente MR et la position limite du plan MEF sera le plan des deux tangentes MT, MR ; la droite EF qui joint deux points voisins de la courbe C reste toujours dans le plan mobile MEF et, par suite, à la limite, elle est dans le plan des deux tangentes MT, MR ; or, à la limite, les deux points E et F, de la courbe C_1, se confondent en M sur la courbe C, et la position limite de la corde EF est généralement la tangente MS menée au point M à la courbe C, donc la tangente MS est dans le plan des tangentes MT, MR [1].

16. Corollaire I. D'après ce qui précède, pour mener un plan qui touche une surface en un point donné, il suffit de mener par le point les tangentes à deux lignes quelconques tracées sur la surface et passant par le point, le plan de ces deux tangentes est le plan tangent cherché.

Dans la pratique, il convient de choisir deux lignes auxquelles il soit facile de mener des tangentes ; si la surface admet des génératrices rectilignes, on les emploiera généralement, puisqu'une droite est à elle-même sa tangente.

17. Corollaire II. *Si l'on coupe une surface et un plan qui lui est tangent par un plan quelconque passant par le point de contact, les deux lignes d'intersection sont tangentes entre elles.*

En effet, la tangente menée par le point de contact à la courbe d'intersection est située à la fois dans le plan de la courbe qui est le plan sécant et dans le plan tangent à la surface (15) ;

---

[1] Cette démonstration exige que l'on admette que la position limite d'une sécante dont les points de rencontre avec une courbe se rapprochent indéfiniment lorsque la courbe peut changer de forme en même temps que de position est une tangente. Cela a lieu généralement. Dans les cas particuliers où cela n'a pas lieu, le théorème énoncé cesse d'être vrai ; c'est ce qui arrive toutes les fois que la génératrice change brusquement de forme lorsque les points de rencontre se confondent. — Pour une démonstration plus rigoureuse de ce principe, voir la *Géométrie analytique* de MM. Briot et Bouquet.

elle est donc l'intersection de ces deux plans ; donc si l'on veut mener la tangente en un point de la courbe d'intersection d'une surface et d'un plan, il suffit de mener en ce point le plan tangent à la surface et de chercher l'intersection de ce plan tangent avec le point sécant.

18. Corollaire III. Si l'on veut mener la tangente en un point de l'intersection de deux surfaces, comme cette tangente est située dans les plans tangents menés aux deux surfaces par le point considéré, elle est l'intersection de ces deux plans.

DÉFINITION.

19. La perpendiculaire menée à un plan tangent à une surface par le point de contact est dite *normale* à la surface en ce point. Tout plan passant par la normale à une surface en un point est appelé *plan normal* au point considéré.

THÉORÈME.

20. *La tangente en un point de l'intersection de deux surfaces est perpendiculaire au plan des normales menées par ce point aux deux surfaces.*

En effet, le plan des deux normales est perpendiculaire à la fois aux deux plans tangents et, par suite, à leur intersection qui est la tangente.

THÉORÈME.

21. *Tout plan* MN (fig. 202) *tangent à un cylindre, en un point quelconque* A, *est tangent tout le long de la génératrice* AB *qui passe par ce point.*

Soit P un point quelconque de la génératrice qui passe par le point A ; menons par le point P une courbe quelconque PR sur la surface du cylindre et la tangente PF à cette courbe, il suffit de démontrer que PF est dans le plan tangent MN, puisque le plan tangent en P est déterminé par cette tangente PF et la génératrice AP. Par le point A, où le plan MN est supposé tangent au cylindre, traçons une courbe quelconque AC sur la

surface, la tangente AT à cette courbe est dans le plan MN (15).
Menons une génératrice DE du cylindre, assez voisine de AP
pour qu'elle coupe les courbes AC et PR ; soient D et E les points
de rencontre; joignons AD et PE; si l'on fait tourner le plan
APED autour de AP de manière que le point D se rapproche indéfiniment du point A, DE se rapproche indéfiniment de AP et
le point E tend à se confondre avec le point P en même temps
que le point D avec le point A ; à la limite, la sécante AD devient la tangente AT ; le plan APED se confond avec le plan de
AP et de AT ou le plan tangent MN ; la sécante PE devient la
tangente PF à PR, et comme PE est toujours situé dans le plan
APED, à la limite, la tangente PF est située dans le plan tangent
MN. c. q. f. d.

La génératrice AB est dite *génératrice de contact.*

22. Remarque. Tout plan tangent à un cylindre contenant une
génératrice est parallèle à la direction générale des génératrices.

23. On démontrerait tout à fait de la même manière que
*tout plan tangent à un cône en un point quelconque est tangent
tout le long de la génératrice qui passe par ce point. Cette génératrice est dite* génératrice de contact [1].

24. Remarque. Tout plan tangent à un cône passe par le
sommet, puisqu'il contient une génératrice de la surface.

THÉORÈME.

25. *Si une courbe* A (fig. 205) *et une droite* BC *sont tangentes
entre elles, leurs projections* a *et* bc *sur un plan quelconque* MN
sont aussi tangentes entre elles.

En effet, a et bc sont les sections faites par le plan MN dans
le cylindre projetant de A et dans le plan projetant de BC. Or
le plan projetant de BC est tangent en B au cylindre projetant
de A, car ce plan est mené suivant BC tangente à A et la pro-

---

[1] Ce principe s'applique encore aux surfaces réglées développables et se
démontre de la même manière.

jetante B*b* génératrice du cylindre (15), il est donc aussi tangent à ce cylindre au point *b* (21), donc *bc* est tangent à *a* (17).

26. Exception. Il y a exception dans le cas où la tangente à la courbe A est perpendiculaire au plan de projection MN, car alors la projection de cette droite, se réduisant à un point, ne donne plus la tangente à la projection de la courbe.

27. Corollaire. *Deux courbes tangentes dans l'espace ont leurs projections sur un même plan tangentes entre elles ;* car la tangente commune dans l'espace se projette suivant une tangente commune aux projections des deux courbes au même point (25). Il y a exception quand la tangente commune est perpendiculaire au plan de projection[1].

CONTOUR APPARENT D'UNE SURFACE.

28. Soient une surface B (fig. 204) et A un point où l'œil d'un spectateur est supposé placé pour regarder B ; si l'on mène du point A un plan tangent à la surface et si l'on conçoit que ce plan tourne autour de la surface B, étant assujetti à lui rester toujours tangent et à passer par le point A, le point M de contact engendrera une courbe MNR qui sera sur la surface la ligne de séparation de la partie que l'œil aperçoit de celle qui lui est cachée ; cette ligne est dite *ligne de contour apparent* de la surface relativement au point A.

29. En chacun des points de cette courbe, le plan tangent à la surface est déterminé par la tangente à la courbe en ce point et la droite qui joint ce point au point A ; ce sont ces deux mêmes droites qui déterminent le plan tangent au cône qui a cette courbe pour directrice et le point A pour sommet ; ce cône est dit *circonscrit* à la surface ; donc, en tout point de la courbe

---

[1] Les principes 25 et 27 sont encore vrais lorsque les projections, au lieu d'être orthogonales, sont obliques ou coniques, c'est-à-dire quand les projetantes sont parallèles à une droite donnée ou issues d'un point donné. Ils sont encore vrais dans le cas des projections gauches. — On appelle *projection gauche* d'un point sur un plan par rapport à une droite le point de rencontre du plan avec la perpendiculaire menée du point sur la droite.

commune, la surface et le cône circonscrit ont même plan tangent.

30. Quand le point A s'éloigne indéfiniment, le cône se transforme en un *cylindre circonscrit*, et l'on voit, comme dans le cas précédent, qu'en tout point de la courbe de contact la surface et le *cylindre circonscrit* ont même plan tangent.

31. Une surface a une infinité de lignes de contour apparent, puisque la position du sommet du cône ou la direction des génératrices du cylindre circonscrit peut être quelconque. Quand on parle d'une ligne de contour apparent d'une surface, on doit donc indiquer par rapport à quel point ou quelle direction on la considère.

32. *Le contour apparent* d'une surface par rapport à un plan quelconque est la trace, sur ce plan, du cône ou du cylindre circonscrit suivant une ligne de contour apparent. Dans ce qui suit, nous appellerons *contour apparent horizontal* d'une surface la trace horizontale du cylindre vertical circonscrit à cette surface, et *contour apparent vertical* la trace verticale du cylindre circonscrit perpendiculaire au plan vertical de projection.

33. La ligne de contour apparent d'une sphère par rapport à une direction quelconque est toujours une circonférence de grand cercle (Ire partie, 173); sa ligne de contour apparent par rapport à un point est un petit cercle dont le plan est perpendiculaire à la droite qui joint le centre à ce point (Ire partie, 170); les contours apparents d'une sphère sur les plans de projection sont des circonférences égales à une circonférence de grand cercle (32).

34. Les lignes de contour apparent des cônes et des cylindres sont toujours des lignes droites génératrices de la surface, puisque tout plan tangent en un point de chacune de ces surfaces est tangent tout le long de la génératrice qui passe par ce point (21 et 23); les contours apparents de ces surfaces sur ces plans de projection sont des droites traces des plans tangents perpendiculaires à ces plans de projection.

MODE DE REPRÉSENTATION D'UNE SURFACE.

35. Bien qu'une surface soit complétement déterminée par les projections de ses directrices, celles d'une génératrice et la loi de génération, il convient, pour faciliter la lecture, de représenter les surfaces d'une manière qui fasse image ; on les figure ordinairement au moyen de leurs contours apparents sur les plans de projection (32)[1].

36. REMARQUE. Tout plan PQ (fig. 205) tangent à une surface A en un point quelconque B de sa ligne de contour apparent par rapport aux perpendiculaires à un plan MN est tangent au cylindre circonscrit suivant cette ligne (30), et par suite sa trace CD sur MN est tangente à la trace *bf* du cylindre sur le même plan (17), c'est-à-dire au contour apparent.

THÉORÈME.

37. *Toute ligne* BE (fig. 205) *tracée sur une surface* A, *et qui rencontre la ligne de contour apparent de cette surface par rapport à un plan de projection* MN, *a sa projection* be *sur ce plan tangente au contour apparent* bf *de la surface sur le même plan.*

En effet, les tangentes en B à la courbe BE et à la ligne de contour apparent sont toutes deux situées dans le plan tangent à la surface au point B, plan qui est perpendiculaire au plan MN ; ces deux tangentes ont donc même projection CD tangente en *b* à *bf* (36) et à *be* (25), les lignes *bf* et *be* sont donc tangentes entre elles.

Ainsi, si un cône ou un cylindre est rencontré par un plan coupant toutes les génératrices, la section déterminée par ce

---

[1] Il y a des cas où le contour apparent d'une surface sur un plan donné de projection ne saurait exister. Ainsi un cône de révolution, dont la base repose sur le plan horizontal de projection, ne peut admettre de plans tangents verticaux, par conséquent de contour apparent sur ce plan.

Dans ces cas particuliers, on doit se contenter de représenter les surfaces par les éléments qui les déterminent. Dans le cas du cône pris pour exemple, on représentera simplement sur le plan horizontal de projection la circonférence de base et la projection horizontale du sommet.

plan aura ses projections tangentes aux génératrices de contour apparent du cône ou du cylindre; si quelques génératrices n'étaient pas rencontrées par le plan, ce fait n'aurait plus lieu d'une manière générale, car parmi les génératrices non rencontrées pourraient se trouver les génératrices de contour apparent correspondant aux plans de projection donnés.

38. Exception. Quand la tangente à la courbe EB au point B est perpendiculaire au plan de projection MN, sa projection ne donne plus la tangente à la projection *be* de la courbe; on ne peut donc plus conclure que *be* et *bf* ont même tangente.

Lorsque la courbe considérée est une courbe plane dont le plan est perpendiculaire à un plan de projection, sa projection sur le plan de projection se réduit à la trace du plan.

39. Corollaire. *On voit que le contour apparent d'une surface sur un plan quelconque est l'enveloppe des projections sur ce plan des lignes tracées sur la surface.*

Si l'on considère, par exemple, une surface réglée, pour obtenir son contour apparent sur un plan quelconque, on projettera sur ce plan un nombre suffisant de génératrices et l'on tracera la courbe enveloppe de ces projections.

THÉORÈME.

40. *Si deux surfaces* A *et* B *ont même plan tangent en chaque point d'une courbe commune* CD (fig. 206)[1], *les contours apparents de* A *et* B *sur un plan quelconque* MN *sont tangents entre eux.*

En effet, la projection *cd* de la courbe commune CD sur le plan MN est tangente à la fois au contour apparent *ef* de A et au contour apparent *kl* de B (37) : il suffit donc de démontrer que *ef* et *kl* sont tangents à *cd* au même point. Or, pour chacune de ces courbes, le point de contact *g* avec *cd* est la projection du point G de rencontre de la courbe correspondante avec la courbe commune CD, point qui est le même pour les

---

[1] On a vu (Iʳᵉ partie, 171-172) qu'il existe des surfaces remplissant cette condition.

deux surfaces, puisqu'en ce point de CD le plan tangent à l'une
des surfaces est perpendiculaire à MN et est par hypothèse
tangent à l'autre surface au même point; ce point appartient
donc à la fois aux deux lignes de contact EF, KL[1].

Cette démonstration suppose que la courbe commune CD
rencontre la ligne de contour apparent de l'une des surfaces
et par suite celle de l'autre; elle suppose également qu'aucune
des tangentes menées en G aux trois courbes CD, EF, KL, n'est
perpendiculaire au plan MN.

41. Corollaire. Quand on pourra inscrire dans une surface donnée
d'autres surfaces pour lesquelles il sera facile de déterminer les contours apparents sur un plan quelconque, l'enveloppe de ces contours
donnera sur ce plan le contour apparent de la surface considérée.

Si, par exemple, une surface est l'enveloppe de sphères, comme le
contour apparent d'une sphère sur un plan quelconque est une circonférence, on pourra obtenir facilement sur un plan quelconque le
contour apparent de la surface.

42. On peut facilement, au moyen du théorème précédent,
*trouver sur un plan quelconque le contour apparent d'un cône
de révolution dont on donne l'axe et l'angle des génératrices
avec l'axe.*

En effet, si l'on prend sur l'axe un point quelconque, et si
l'on détermine, au moyen de la distance de ce point au sommet
et de l'angle donné, le rayon de la sphère inscrite dans le cône
et dont ce point est le centre, on aura immédiatement les circonférences, contours apparents de la sphère sur les deux plans
de projection; cette sphère et le cône ayant dans l'espace mêmes plans tangents, suivant le petit cercle de contact, les droites
de contour apparent du cône seront tangentes aux cercles de
contour apparent de la sphère; il suffira, pour les obtenir, de
mener dans chacun des plans de projection des tangentes au
cercle contour apparent de la sphère passant par la projection
correspondante du sommet du cône.

---

[1] Ce principe et les précédents sont encore vrais quand, au lieu de projections orthogonales, on considère des projections obliques, coniques ou
gauches; on les démontre tout à fait de la même manière.

DEUXIÈME LEÇON.

PLANS TANGENTS AU CYLINDRE ET AU CÔNE.

43. *Mener à un cylindre* A *(fig. 207) un plan tangent par un point* M *de la surface.*

Le plan tangent en M au cylindre est tangent tout le long de la génératrice MB qui passe par ce point (21), il est donc tangent au point B où elle rencontre la directrice donnée C; en ce point B, le plan tangent est déterminé par la génératrice MB et la tangente BD à la directrice.

44. *Mener à un cylindre* A *(fig. 207) un plan tangent par un point* P *extérieur à la surface*[1].

Menons par le point P une parallèle PD aux génératrices du cylindre, cette parallèle est située dans le plan tangent cherché (22); soit D le point où cette droite rencontre le plan de la directrice C, l'intersection de ce plan et du plan tangent cherché passe par ce point D et elle est tangente à la directrice C (17); soit DB cette tangente; le plan de PD et de DB est le plan tangent cherché. Il y a autant de solutions que l'on peut mener de tangentes du point D à la directrice C.

---

[1] Nous supposerons, dans les solutions des différents problèmes relatifs aux plans tangents au cylindre et au cône, que la courbe directrice de la surface est une courbe plane; si cette condition n'était pas remplie, il faudrait substituer à la courbe donnée une autre courbe obtenue en joignant les points de rencontre d'un plan avec un nombre suffisant de génératrices.

45. *Mener à un cylindre* A *(fig. 207) un plan tangent parallèle à une droite donnée* NR.

Menons par un point quelconque O une parallèle OE aux génératrices du cylindre et une parallèle OF à la droite donnée NR, ce plan est parallèle au plan tangent cherché (22) ; soit EF la droite suivant laquelle il est coupé par le plan de la directrice C ; le plan tangent cherché sera coupé par ce même plan suivant une droite BD parallèle à EF et tangente à la directrice (17) ; le plan de cette tangente et de la génératrice de contact BM est le plan tangent cherché.

Il y a autant de solutions qu'on peut mener à C de tangentes parallèles à EF.

46. *Mener à un cône* A *(fig. 208) un plan tangent par un point* M *de la surface.*

Le plan tangent en M au cône est tangent tout le long de la génératrice SM qui passe par ce point (23) ; il est donc tangent au point B où elle rencontre la directrice donnée C ; en ce point B, le plan tangent est déterminé par la génératrice de contact MB et la tangente BD à la directrice.

47. *Mener à un cône* A *(fig. 208) un plan tangent par un point* P *extérieur à la surface.*

Joignons le point P au sommet S du cône, la droite SP est située dans le plan tangent cherché (24) ; soit D le point où cette droite rencontre le plan de la directrice C ; l'intersection de ce plan et du plan tangent cherché, passe par ce point D et elle est tangente à la directrice C (17). Soit DB cette tangente, le plan de PD et de DB est le plan tangent cherché.

Il y a autant de solutions qu'on peut mener de tangentes du point D à la directrice C.

48. *Mener à un cône* A *(fig. 208) un plan tangent parallèle à une droite donnée* NR.

On mènera par le sommet S du cône une parallèle SD à la droite donnée NR ; cette parallèle sera située dans le plan tan-

gent cherché (24) ; on achèvera les constructions comme dans
le problème précédent.

49. *Épure du plan tangent mené à un cylindre par un point de la surface.*

Soient A (fig. 209) la directrice du cylindre située sur le plan
horizontal de projection, α. α' la direction des génératrices et
m la projection horizontale d'un point de la surface par lequel
on se propose de mener le plan tangent. Construisons d'abord
les contours apparents du cylindre. Le contour apparent horizontal se compose des traces horizontales des plans tangents
verticaux (34) ; ces traces sont les droites cd, c_1d_1 tangentes
à A (17) et parallèles à la projection horizontale α. Le contour
apparent vertical se compose des traces verticales des plans
tangents perpendiculaires au plan vertical. Les traces horizontales de ces plans sont les tangentes gg', ll' à A (17) perpendiculaires à la ligne de terre; leurs traces verticales $g'k'$, $l'b'$ sont
parallèles à la projection verticale α' [1].

Proposons-nous maintenant de déterminer la projection verticale du point de la surface projeté horizontalement en m. La
génératrice, qui passe par ce point, a pour projection horizontale mpp_1 parallèle à α, qui rencontre A en p et p_1. Selon que
l'on considérera p ou p_1 comme la trace horizontale de cette
génératrice, on aura $p'm'$ ou $p'_1m'_1$ pour la projection verticale
correspondante, et à la projection horizontale m correspondront
deux projections verticales m' et m'_1.

Construisons le plan tangent au point $m.m_1'$ situé sur la génératrice $mp . m_1'p_1'$; ce plan est tangent au cylindre au point
$p_1.p'_1$, où la génératrice qui passe par $m.m_1'$ rencontre la directrice A ; il est donc déterminé par la génératrice $mp_1.m_1'p_1'$
et la tangente $Rp_1\rho$ à A (43) ; comme cette tangente est située
dans le plan horizontal de projection, elle est la trace horizontale du plan cherché, et le point ρ de rencontre avec la ligne de

[1] Le cylindre est représenté limité à un plan horizontal $k'b'$; la base
supérieure identique à A est projetée en vraie grandeur suivant la circonférence kb; mais on peut par la pensée supposer le cylindre prolongé
indéfiniment.

terre est un point de la trace verticale. On obtient cette seconde
trace pR_1 soit en cherchant la trace verticale n' de la génératrice
de contact, soit en déterminant la trace verticale v' d'une horizontale du plan menée par un point quelconque de cette génératrice. Sur la figure, cette horizontale du plan a été menée par
le point donné $m.m_1'$.

Le point $m.m'$ donne un second plan tangent $Q\gamma Q_1$; comme
vérification, l'intersection $ef\,e'f'$ de ce plan et du plan $R pR_1$ doit
être parallèle aux génératrices.

50. *Épure du plan tangent mené à un cylindre par un point
extérieur.*

Soient donnés le même cylindre que dans l'exemple précédent (fig. 209) et le point $o.o'$ par lequel on se propose de mener
le plan tangent. Menons par $o.o'$ la droite $oe.o'e'$ parallèle à $\alpha.\alpha'$;
cette parallèle est située dans le plan tangent cherché et la tangente ep menée de sa trace horizontale e à A est une droite de
ce plan (44); cette droite étant située dans le plan horizontal
de projection est la trace horizontale du plan cherché; on en
déduit facilement la trace verticale γQ_1. Il y a sur la figure considérée deux solutions $Q\gamma Q$, $R pR_1$, parce que du point e on peut
mener deux tangentes ep, ep_1 à A.

51. *Épure du plan tangent mené à un cylindre parallèlement
à une droite donnée.*

Soient encore le même cylindre que dans les deux problèmes
précédents (fig. 209) et $it.i't'$ la droite donnée; par un point
quelconque $i.i'$ de $it.i't'$ menons une parallèle $ih.i'h'$ aux génératrices du cylindre, et par ces deux droites faisons passer un
plan; les traces uh, uz' de ce plan sont parallèles aux traces
du plan cherché (45); comme la trace horizontale est tangente
à A, il est facile alors d'achever les constructions. Comme dans
le cas précédent le problème admet deux solutions. Une seule
$R pR_1$ a été figurée sur l'épure.

52. *Épure du plan tangent mené à un cône par un point de la
surface.*

Soient A (fig. 210) la directrice du cône située dans le plan horizontal de projection, $s.s'$ le sommet et m la projection horizontale d'un point de la surface par lequel on se propose de mener le plan tangent. Construisons d'abord comme pour le cylindre les contours apparents du cône ; sur le plan horizontal ces lignes traces horizontales des plans tangents verticaux (34), sont les tangentes sc, sd menées de s à A ; sur le plan vertical ces lignes sont les traces verticales des plans tangents perpendiculaires au plan vertical (34) ; pour les déterminer il suffit de mener à A les tangentes bb', ff' perpendiculaires à la ligne de terre et de joindre les pieds b', f' de ces perpendiculaires à la projection verticale s' du sommet.

Proposons-nous maintenant de déterminer la projection verticale du point de la surface projeté horizontalement en m ; la génératrice qui passe par ce point a pour projection horizontale smp_1p qui rencontre A en p et p_1 ; selon que l'on considérera p ou p_1 comme la trace horizontale de cette génératrice, on aura $p's'$ ou $p_1's'$ pour la projection verticale correspondante, et à la projection horizontale m correspondront deux projections verticales m' et m_1'.

Construisons le plan tangent au point $m.m_1'$ situé sur la génératrice $mp_1.m'_1p_1'$; ce plan est tangent au cône au point $p_1.p_1'$ où la génératrice qui passe par le point donné $m.m'_1$ rencontre A ; en ce point, il est déterminé par la génératrice $mp_1.m_1'p_1'$, et la tangente $\mathrm{R}p_1o$ à A (46) ; comme cette tangente est située dans le plan horizontal de projection, elle est la trace horizontale du plan cherché ; la trace verticale $p\mathrm{R}_1$ s'obtient, soit en cherchant la trace verticale de la génératrice de contact, soit en déterminant la trace verticale d'une horizontale du plan menée par un point quelconque de cette génératrice. Sur la figure on a déterminé la trace verticale v' de l'horizontale $sv.s'v'$ du plan tangent menée par le sommet $s.s'$ du cône.

Le point $m.m'$ donne un second plan tangent Q_7Q_1 ; comme vérification l'intersection $eg.e'g'$ de ce plan et de $\mathrm{R}_p\mathrm{R}_1$ doit passer par le sommet $s.s'$.

53. *Épure du plan tangent mené à un cône par un point extérieur.*

Soient A (fig. 210) la directrice du cône située dans le plan horizontal de projection, $s.s'$ le sommet et $o.o'$ le point donné par lequel on se propose de mener le plan tangent.

Menons la droite $os.o's'$ qui joint le point $o.o'$ au sommet ; cette droite est située dans le plan tangent cherché (24) et la tangente hp, menée de sa trace horizontale h à A, est une droite de ce plan (47) ; cette droite étant située dans le plan horizontal de projection est la trace horizontale du plan cherché ; on en déduit facilement la trace verticale γQ_1.

On peut, dans le cas de l'épure, mener deux tangentes du point h à A ; il y a donc deux solutions. Une seule $Q\gamma Q_1$ a été figurée.

54. *Épure du plan tangent mené à un cône parallèlement à une droite donnée.*

Nous avons vu (48) que la solution de ce problème revient à celle du précédent, puisqu'il suffit de remplacer la droite qui joint le point donné $o.o'$ (fig. 210) au sommet $s.s'$ par une parallèle menée du sommet $s\,s'$ à la direction donnée $\alpha\beta.\alpha'\beta'$.

55. *Cas où le plan de la base est quelconque.*

Dans tous les exemples que nous avons considérés jusqu'ici, nous avons supposé la directrice de la surface située dans le plan horizontal de projection ; mais on peut résoudre tout aussi facilement les mêmes problèmes, lorsque la directrice est une courbe plane quelconque. Nous allons examiner, par exemple, le cas où l'on demande de mener le plan tangent à un cône par un point de la surface.

Soient A (fig. 211) la projection horizontale de la directrice située dans le plan $P\beta P_1$, $s.s'$ le sommet du cône et m la projection horizontale d'un point de la surface par lequel on se propose de mener le plan tangent ; la projection horizontale de la génératrice qui passe par le point donné est smp_1p qui rencontre la directrice au point projeté en p ou p_1 sur A et situé dans le plan $P\beta P_1$; à p et p_1, correspondent les projections verticales p' et p'_1 ; par suite $p's'$, p'_1s' sont les projections verticales de deux génératrices du cône qui contiennent chacune un point de la surface projeté horizontalement en m ; on a donc deux projections verticales m' et m'_1 qui correspondent à la projection horizontale m.

Construisons le plan tangent au point $m.m'_1$ situé sur la génératrice $mp_1.m'_1p'_1$; ce plan est tangent au cône au point $p_1.p'_1$ où la génératrice qui passe par le point donné rencontre la directrice ; en ce point, le plan tangent est déterminé par la génératrice de contact $mp_1.m'_1p'_1$ et la tangente à la directrice ; or cette tangente a sa projection horizontale p_1r tangente en p à A (25) ; étant située dans le plan donné $P\beta P_1$, elle a sa trace horizontale r sur la trace horizontale $P\beta$ du plan ; il est facile alors de déterminer les traces du plan tangent $R\rho R_1$; sur la figure on s'est servi du point r et des traces k et v' de la génératrice de contact $sp_1.s'p'_1$.

Le point $m.m'$ donne un second plan tangent $Q\gamma Q_1$. Comme vérification, l'intersection des plans $R\rho R_1$, $Q\gamma Q_1$ doit passer par le sommet $s.s'$.

56. Le contour apparent du cône (fig. 211) sur le plan horizontal s'obtient en déterminant les traces horizontales des plans tangents verticaux ; les traces horizontales de ces plans tangents passent par s et sont tangentes à A, puisque A est la projection horizontale d'une courbe située sur la surface du cône (37).

On pourrait déterminer le contour apparent sur le plan vertical de projection en déterminant d'abord la projection verticale de la directrice et menant par s' des tangentes à cette projection ; mais on peut aussi le déterminer directement, sans construire cette projection verticale, en cherchant les traces verticales de plans tangents au cône, perpendiculaires au plan vertical de projection, c'est-à-dire parallèles à une droite perpendiculaire à ce plan (48).

Menons par le sommet $s.s'$ une perpendiculaire au plan vertical de projection et déterminons, au moyen d'une horizontale du plan, la projection horizontale e du point $e.s'$ où cette droite perce le plan $P\beta P_1$; par e menons les tangentes ef, eg à A ; ces tangentes sont les projections horizontales de droites appartenant aux plans tangents cherchés (47) ; les traces horizontales

h et l de ces droites, situées sur la trace horizontale Pβ du plan, donnent chacune un point de la trace horizontale du plan cherché correspondant[1]; les traces horizontales de ces plans tangents sont les perpendiculaires hh', $l.l'$ à la ligne de terre ; leurs traces verticales $s'h'$, $s'l'$ qui passent par s' sont les droites qui représentent le contour apparent cherché[2].

56 *bis.* Quand on connaîtra un plan qui coupe le cylindre ou le cône suivant une circonférence, il conviendra d'employer la section faite par ce plan dans la surface comme courbe directrice, et, pour éviter la construction de toute courbe en projection, on aura recours au rabattement du plan de cette section circulaire sur un plan de projection ou sur un plan parallèle.

Cette remarque permet de mener facilement un plan tangent à un cylindre ou à un cône de révolution, quelle que soit la direction de l'axe.

---

[1] A défaut d'une de ces traces, on peut déterminer la projection verticale d'un point quelconque de la tangente et l'on obtient un point de la trace verticale du plan tangent correspondant. Ainsi la trace verticale δ' de $lg.l's'$ est un point de la trace verticale $s'l'$.

[2] Les élèves devront s'exercer à résoudre de la même manière les autres problèmes relatifs aux plans tangents au cône et au cylindre, lorsque la directrice est située dans un plan quelconque.

TROISIÈME LEÇON.

57. *Condition pour qu'on puisse mener à un cylindre un plan
tangent parallèle à un plan donné.*

Le plan donné doit être parallèle aux génératrices du cylindre, puisqu'il doit être parallèle à un plan tangent qui contient
toujours une de ces génératrices (22). Cette condition est suffisante, car si l'on coupe le plan donné et le cylindre par un
plan quelconque et si l'on mène à la section faite dans le cylindre une tangente parallèle à la section faite dans le plan,
le plan de cette tangente et de la génératrice qui passe par le
point de contact est tangent au cylindre et parallèle au plan
donné.

58. *Condition pour qu'on puisse mener à un cône un plan
tangent parallèle à un plan donné.*

Tout plan tangent à un cône doit passer par le sommet (24);
si donc par ce point on mène un plan parallèle au plan donné,
ce plan doit être tangent au cône et, par suite, sa trace sur le
plan de la base doit être tangente à cette base; il est clair,
d'ailleurs, que cette condition est suffisante.

59. *Condition pour qu'on puisse mener un plan tangent commun à deux cylindres.*

Si l'on mène à l'un des cylindres un plan tangent parallèle aux génératrices de l'autre, ce plan doit être aussi tangent au second cylindre et, par suite, sa trace sur le plan de la base de ce cylindre doit être tangente à cette base.

Dans le cas particulier où les génératrices des deux cylindres sont parallèles, pour que l'on puisse mener un plan tangent commun, il suffit que l'on puisse mener une tangente commune aux sections faites par un même plan dans les deux cylindres; car le plan de cette tangente commune et des deux génératrices parallèles qui passent par les points de contact est tangent aux deux cylindres.

On peut, dans ce cas, mener autant de plans tangents communs que l'on peut mener de tangentes communes aux sections faites dans les deux cylindres.

60. *Condition pour qu'on puisse mener un plan tangent commun à un cône et à un cylindre.*

Si l'on mène par le sommet du cône une parallèle aux génératrices du cylindre, cette droite doit être située dans le plan tangent commun; si donc par cette droite on mène un plan tangent au cône, la trace de ce plan sur le plan de la base du cylindre doit être tangente à cette base.

61. *Condition pour qu'on puisse mener un plan tangent commun à deux cônes.*

La droite qui joint les sommets des deux cônes doit être située dans le plan tangent commun ; si donc par cette droite on mène un plan tangent à l'un des cônes, sa trace sur le plan de la base du second cône doit être tangente à cette base.

62. Dans le cas particulier où les deux cônes ont même sommet, il suffit que l'on puisse mener une tangente commune aux sections faites dans les deux cônes par un même plan, car le plan de cette tangente commune et du sommet commun est à la fois tangent aux deux cônes. On peut donc mener autant de plans tangents communs que l'on peut mener de tangentes communes aux sections faites dans les deux cônes.

63. Quand deux cônes sont homothétiques (c'est-à-dire semblables et ayant leurs éléments semblables parallèles), et qu'on peut mener aux deux bases situées dans un même plan une tangente commune telle que les points de contact soient des points homologues sur les deux surfaces, les droites qui joignent ces points de contact aux sommets sont des génératrices homologues et par suite parallèles; le plan de ces deux génératrices et de la tangente commune est un plan tangent commun aux deux cônes.

Si les sommets des deux cônes sont d'un même côté par rapport au plan des bases, pour que les points de contact soient homologues, la tangente commune doit laisser les deux bases d'un même côté; si les sommets sont situés de côtés différents par rapport au plan des bases, la tangente commune doit laisser ces bases de côtés différents.

PROBLÈME.

64. *Mener à deux cylindres deux plans tangents parallèles entre eux.*

Il suffit de mener à chacun des deux cylindres un plan tangent parallèle aux génératrices de l'autre; ces deux plans tangents sont parallèles, car ils sont tous deux parallèles aux génératrices des deux cylindres.

PROBLÈME.

65. *Mener à un cône et à un cylindre deux plans tangents parallèles entre eux.*

Le plan tangent au cône est déterminé, puisque ce plan doit être parallèle aux génératrices du cylindre; on en déduit facilement le plan tangent au cylindre qui est parallèle au précédent.

PROBLÈME.

66. *Mener à deux cônes deux plans tangents parallèles entre eux.*

On transportera l'un des deux cônes parallèlement à lui-même de manière à faire coïncider son sommet avec le sommet de l'autre ; on mènera un plan tangent commun aux deux cônes qui ont même sommet, et l'on mènera à l'autre cône un plan tangent parallèle au plan ainsi déterminé.

Pour transporter un cône parallèlement à lui-même, il suffit de mener par la position nouvelle du sommet un nombre suffisant de parallèles à des génératrices du cône et de chercher les traces de ces parallèles sur le plan où l'on veut avoir la nouvelle base.

Dans le cas où la base du cône est circulaire et qu'on transporte le cône de manière que la base soit dans le même plan ou dans un plan parallèle, il suffit de transporter parallèlement à elle-même la droite qui joint le sommet au centre de la base, puis de répéter cette construction pour une génératrice quelconque ; on obtient ainsi le centre et un point de la circonférence de base du cône transporté.

PROBLÈME.

67. *Mener une normale commune :* 1° *à deux cylindres ;* 2° *à un cône et à un cylindre ;* 3° *à deux cônes.*

Supposons le problème résolu et soient connus les points où la normale commune rencontre les deux surfaces données ; si l'on mène en ces points les plans tangents aux deux surfaces, ces plans perpendiculaires à une même droite sont parallèles et si, dans ces plans, on mène les génératrices de contact, la normale commune perpendiculaire aux deux plans est perpendiculaire à ces génératrices ; donc, quelles que soient les deux surfaces données, on leur mènera deux plans tangents parallèles (64-65-66), on construira les deux génératrices de contact et l'on cherchera la perpendiculaire commune à ces génératrices.

PROBLÈMES DIVERS.

68. *Mener à un cône* sA, s'A' *(fig. 212)* *un plan tangent qui fasse avec le plan horizontal un angle égal à un angle donné* α.

Si l'on construit un cône de révolution ayant pour sommet le point $s.s'$, pour axe la verticale $s.o's'$ qui passe par ce point et pour génératrices des droites faisant avec l'axe $s.o's'$ le complément de l'angle donné α, on sait (Ire partie, 187) que le plan demandé doit être tangent à ce cône; la question est donc ramenée à mener un plan tangent commun à deux cônes qui ont même sommet; il suffit pour cela, quand la base A.A' est située dans le plan horizontal de projection, de mener une tangente commune Pβ aux deux bases et de faire passer un p'an PβP$_1$ par cette tangente et le sommet $s.s'$; il y a autant de solutions que l'on peut mener de tangentes communes aux deux bases.

69. Si la trace horizontale du cône n'était pas donnée, il faudrait la construire d'abord pour pouvoir effectuer la construction, à moins que ce cône ne soit de révolution; dans ce cas on résout le problème en menant par le sommet un plan tangent commun à deux sphères inscrites, l'une dans le cône donné, l'autre dans le cône auxiliaire (Ire partie, 180).

70. *Mener à un cylindre* ABCD, A'B'C'D' (fig. 213) *un plan tangent qui fasse avec le plan horizontal un angle égal à un angle donné* α.

Menons d'abord par un point quelconque du plan vertical $a.a'$ un plan parallèle au plan tangent cherché; ce plan devant faire avec le plan horizontal un angle donné α est tangent à un cône de révolution déterminé comme dans le problème précédent; devant être parallèle à un plan tangent au cylindre, il doit contenir la parallèle $ab.a'b'$ menée de $a.a'$ aux génératrices, le plan bca' mené par cette droite tangentiellement au cône de révolution est parallèle au plan cherché; en menant à la base AB du cylindre située sur le plan horizontal une tangente ef parallèle à bc, on a la trace horizontale du plan cherché; on en déduit la trace verticale fg parallèle à ca'.

Pour que le problème soit possible, il faut que l'on puisse mener au cône auxiliaire un plan tangent parallèle aux génératrices du cylindre, c'est-à-dire que l'angle des génératrices avec le plan horizontal soit au plus égal à l'angle α.

Il admet autant de solutions qu'on peut mener à la base de tangentes parallèles aux traces horizontales des plans auxiliaires tangents au cône de révolution et menés par ab. $a'b'$.

71. Si la base du cylindre était située dans un plan quelconque, on déterminerait l'intersection de ce plan avec le plan auxiliaire parallèle au plan tangent et l'on mènerait à la base une tangente parallèle à l'intersection; on aurait ainsi une droite du plan tangent cherché.

PROBLÈME.

72. *On donne un cylindre* AB. A'B' *(fig. 214) et un plan* $P\alpha P_1$, *on demande en quel point de l'intersection le plan est normal au cylindre.*

Si l'on mène au cylindre un plan tangent perpendiculaire au plan sécant, c'est-à-dire parallèle à une droite perpendiculaire à ce plan, le point de rencontre de la génératrice de contact avec le plan donné satisfera à la question, car en ce point le plan sécant sera perpendiculaire au plan tangent à la surface. Pour construire ce plan tangent, par un point quelconque o. o' menons une parallèle oa. $o'a'$ aux génératrices du cylindre et une perpendiculaire od. $o'd'$ au plan $P\alpha P_1$, le plan $a\beta c'$ de ces deux droites est parallèle à un plan $R\rho R_1$ tangent au cylindre; soit mn. $m'n'$ la génératrice de contact du plan $R\rho R_1$ et du cylindre, le point n. n' où cette génératrice perce le plan $P\alpha P_1$, est le point cherché. Dans le cas de notre épure, le problème admet deux solutions, car on peut mener à A deux tangentes parallèles à $a\beta$.

Le problème est possible toutes les fois que l'on peut mener au cylindre un plan tangent parallèle à une droite donnée, ce qui a toujours lieu quand la directrice est une courbe fermée.

73. On résoudrait tout à fait de la même manière le problème analogue pour le cône. Dans ce cas, pour que le problème soit possible, il faut que l'on puisse mener au cône un plan tangent parallèle à une perpendiculaire au plan donné, c'est-à-dire que l'on puisse mener à la directrice du cône une tangente par le point où le plan de cette directrice est rencontré par la perpendiculaire au plan donné menée par le sommet du cône.

74. *Mener à un cylindre un plan tangent qui fasse avec un plan quelconque un angle égal à un angle donné.*

On résoudra le problème comme dans le cas précédent en remplaçant le cône de révolution dont l'axe est vertical par un cône dont l'axe est perpendiculaire au plan donné. Pour effectuer d'une manière simple les constructions nécessaires à la détermination du plan tangent à ce cône parallèlement aux génératrices du cylindre, on rabattra le plan de la base du cône sur le plan horizontal, on mènera au rabattement de la circonférence de base du cône une tangente par le rabattement du point où le plan est rencontré par la parallèle aux génératrices du cylindre menée par le sommet du cône; on relèvera cette tangente qui, avec le sommet, détermine un plan parallèle au plan cherché. On construira l'intersection de ce plan avec le plan de la base du cylindre et l'on mènera à cette base une tangente parallèle à l'intersection ; cette tangente est une droite du plan tangent demandé. Ce plan contient d'ailleurs la génératrice qui passe par le point de contact.

75. *Mener à un cône un plan tangent qui fasse avec un plan quelconque un angle égal à un angle donné α.*

On construira d'abord un cône de révolution ayant même sommet que le cône donné, dont l'axe soit perpendiculaire au plan et dont les génératrices fassent avec l'axe le complément de l'angle donné ; tout plan tangent commun à ce cône et au cône donné satisfait à la question.

Si le cône donné est quelconque, on construira d'abord les traces des deux cônes sur un même plan et l'on mènera un plan par le sommet et chaque tangente commune aux deux bases.

Si le cône donné est de révolution, on résoudra la question plus simplement comme il a été dit précédemment (69).

76. *On donne **un** cylindre* AB.AB' *(fig. 215) et un plan* PαP₁;
*on prend la section du cylindre par le plan pour base d'un cône
dont on donne le sommet* s.s'; *on demande de mener à **ce** cône
un plan tangent parallèle à une droite donnée* cd.c'd'.

Menons par le sommet *s. s'* du cône la parallèle *sg.s'g'*, à la
droite donnée *c d. c' d'*. Soit *p.p'* le point où cette parallèle
perce le plan PαP₁ de la base du cône; le plan demandé est
déterminé par la droite *s g. s' g'* et la tangente menée du point
p. p' à la base du cône; pour déterminer cette tangente, on
remarquera qu'elle est située dans le plan sécant PαP₁ et dans
le plan tangent au cylindre mené par *p. p'*; la trace du plan tangent au cylindre mené par *p. p'* est *ef*, le point *f* de rencontre
de cette trace avec Pα est la trace horizontale de l'intersection
et par suite un point de la trace horizontale du plan cherché;
on aura donc cette trace *fg* ρ en joignant le point *f* au point *g*,
trace horizontale *g* de la droite *sp. s'p'* située dans le même
plan. On en déduit facilement la trace verticale ρR₁. Sur la figure, cette trace a été déterminée au moyen de la trace verticale de la droite *fp. f' p'* située dans le plan.

77. *Applications de la construction des plans tangents au cylindre et au cône à la détermination des ombres.*

Supposons que le point par lequel on mène deux plans tangents à un cône soit un point lumineux, les génératrices de
contact partagent la surface du cône en deux parties dont l'une,
tournée du côté du point lumineux, est éclairée et dont l'autre,
tournée du côté opposé, est dans l'ombre.

Les points de l'espace compris entre les plans tangents au
delà du cône par rapport au point lumineux ne peuvent rece-
voir de lumière, puisque tous les rayons partant du point lumineux et dirigés vers ces points sont interceptés par le cône;
par conséquent, l'ombre portée par le cône sur une surface
quelconque sera comprise entre les lignes d'intersection de
cette surface avec les deux plans tangents.

On peut faire les mêmes observations quelle que soit la position du point lumineux et, par conséquent, quand ce point est situé à l'infini, c'est-à-dire quand les rayons lumineux deviennent parallèles. Les lignes d'ombre propre du cône sont donc les génératrices de contact de la surface avec les plans tangents menés par le point lumineux ou parallèles à la direction des rayons lumineux.

Il est clair que ce qui a été dit pour le cône s'applique également au cylindre.

PREMIER EXEMPLE.

78. Soient *sab.s'a'b'* (fig. 216) un cône donné dont la base *a.a'* est sur le plan horizontal de projection, et *mn. m'n'* une droite parallèle aux rayons lumineux qui éclairent le cône ; les plans tangents au cône parallèles à *mn. m'n'* ont pour traces horizontales *hl* et *hk* ; la portion du plan horizontal comprise entre ces traces et l'arc *lbk* de la base est dans l'ombre ; sur la surface, la partie qui est dans l'ombre est comprise entre les génératrices *sl. s'l'*, *sk. s'k'* du côté de l'arc *kbl* ; la partie opposée *slak. s'l'a'k'* est éclairée.

DEUXIÈME EXEMPLE.

79. Soient *abcd. a'b'c'd'* (fig. 217) un cylindre limité d'une part au plan horizontal de projection et de l'autre à un plan horizontal *c'd'* ; *mn. m'n'* la direction des rayons lumineux qui éclairent le cylindre ; les plans tangents au cylindre parallèles à *mn. m'n'* ont pour traces horizontales *eg, fh* et donnent les génératrices de contact *fr. f'r'*, *el. e'l'* ; les extrémités supérieures *r.r'*, *l. l'* de ces génératrices portent ombre sur le plan horizontal aux points *h* et *g* situés sur les traces horizontales des plans tangents qui ne sont autre chose que les lignes d'ombre portée par les génératrices de contact ; entre les deux points extrêmes *l. l'*, *r. r'* les rayons lumineux glissent sur l'arc *rdl. r'd'l'* et les prolongements de ces rayons forment un cylindre coupé par le plan horizontal de projection suivant la courbe *hg* identique à l'arc *rdl* ; l'ombre portée par le cylindre sur le plan horizontal est donc comprise entre les arcs *ebf*, *hδg* et les portions *eg*, *fh* des traces des deux plans tangents comprises entre ces arcs. La portion de la surface qui est dans l'ombre est comprise entre les arcs *fbe*. *f'b'e'*, *rdl*. *r'd'l'* et les génératrices *fr*. *f'r'*, *el*. *e'l'*.

L'arc *hδg* doit être tangent en *g* et *h* aux droites *eg'* et *fh* ; en effet *hδg* est la trace d'un cylindre qui a pour directrice l'arc *rdl*. *r'd'l'* ; le plan tangent à ce cylindre en *l*. *l'* est le même que le plan tangent au cylindre donné, puisque sa génératrice *lg*. *l'g'* est située dans ce dernier plan et que la tangente à la directrice en *l*. *l'* est la même pour ces deux cylindres. Ce plan tangent en *l*. *l'* l'est aussi en *g* et par suite *gδh* et *eg* sont les sections faites par un plan dans un cylindre et son plan tangent [1].

COMPOSITION DONNÉE AUX CANDIDATS A SAINT-CYR EN 1873.

80. Deux cônes circulaires droits et égaux ont même sommet S et se touchent extérieurement suivant la génératrice SA, de manière à adhérer l'un à l'autre. Le rayon de base vaut 38 millimètres et la génératrice est double du rayon. La base de l'un des cônes est appliquée sur la partie antérieure du plan horizontal, sa circonférence touchant la ligne de terre et la génératrice SA étant parallèle au plan vertical de projection.

Cela posé on demande :

1° De construire les projections du solide formé par l'ensemble des deux cônes ;

2° De construire la partie invisible du plan vertical de projection supposé relevé, l'œil étant placé sur la perpendiculaire à la ligne de terre menée par le point A et à une distance en avant de cette ligne de terre égale à deux fois le diamètre de base de l'un des cônes.

Ombrer la partie invisible demandée en n'y comprenant pas la projection verticale des cônes.

---

[1] On traiterait de même les questions analogues dans le cas des ombres au flambeau. Les plans tangents, au lieu d'être menés parallèlement à une droite donnée, passeraient par un point donné.

1° Le cône dont l'axe est vertical est figuré (fig. 196, pl. 24) en $SaAC$, $S'a'A'$; le contour apparent sur le plan vertical forme un triangle équilatéral (38).

La génératrice de contact des deux cônes est SA, S'A' dont le plan tangent est perpendiculaire au plan vertical de projection ; SA, S'A' est donc une des droites de contour apparent du deuxième cône sur le plan vertical de projection ; ce dernier cône est d'ailleurs, comme le premier, figuré sur ce plan par un triangle équilatéral (37).

La base du deuxième cône, dont le plan est perpendiculaire au plan vertical, sera rabattue autour de la trace horizontale A'A suivant une circonférence $A\varphi\varepsilon\gamma$ tangente à la ligne de terre. Le relèvement de ce cercle fournira l'ellipse projection horizontale. Les tangentes menées de S à cette ellipse seront les génératrices de contour apparent sur le plan horizontal (38).

Il est bon de déterminer ces génératrices directement, ainsi que les points de contact avec l'ellipse de base. Pour cela, il suffit de mener par le sommet une verticale coupant le plan de base au point $S.o'$ et de mener par ce point rabattu en a, autour de AA' comme charnière, deux tangentes à la base rabattue en $\varphi\varepsilon\gamma$. Les points de contact ρ_1 et ρ_2 étant relevés en r_1 et r_2, les droites Sr_1, Sr_2 seront les génératrices de contour apparent sur le plan horizontal.

2° Pour déterminer la partie invisible du plan vertical de projection relativement à un observateur dont l'œil serait placé en $O.A'$, il suffit de prendre les traces sur le plan vertical de projection des deux plans tangents extrêmes menés aux deux cônes par ce point et de limiter ces traces d'une part à la ligne de terre, de l'autre à la trace du plan de base du deuxième cône.

Pour ce dernier cône on se servira du rabattement $\varphi\varepsilon\gamma$ pour déterminer avec précision le point de contact $m.m'$ de la tangente à la base menée par le point O.

Les points i et l' étant les traces verticales des tangentes menées du point O aux deux bases, et le point K' la trace verticale de la droite joignant le point O au sommet commun des deux cônes; iK' et $l'K'$ seront les traces verticales des plans tangents.

La partie invisible du plan vertical sera donc le quadrilatère $iK'l'A'$ dont on n'a ombré que la partie située en dehors des contours apparents des deux cônes.

QUATRIÈME LEÇON.

THÉORÈME.

81. *Tout plan tangent à une surface de révolution est perpendiculaire au méridien qui passe par le point de contact.*

Soit M (fig. 218) un point quelconque d'une surface de révolution A ; le plan tangent en M est déterminé par les tangentes MT et MC au parallèle MOE et au méridien MB qui passent par le point M ; le plan du parallèle et celui du méridien sont perpendiculaires entre eux (11) ; le rayon MO est l'intersection de ces deux plans et la tangente MT située dans le plan du parallèle est perpendiculaire à ce rayon MO ; MT est donc perpendiculaire au plan du méridien MB et, par suite, le plan tangent qui est mené suivant MT est perpendiculaire à ce même plan.

82. REMARQUE I. Soit C le point où la tangente au méridien rencontre l'axe ; si l'on fait tourner le plan du méridien autour de l'axe pour engendrer la surface, ce point C ne bouge pas et le point de contact M engendre le parallèle MOE ; *les tangentes menées aux méridiens par tous les points d'un même parallèle rencontrent donc l'axe au même point.*

83. REMARQUE II. *Les normales menées à une surface de révolution par tous les points d'un même parallèle rencontrent l'axe au même point.*

Considérons la normale au point M (fig. 218) ; cette droite, perpendiculaire au plan tangent, est située dans le plan du méridien MB qui passe par le point M (82) et par suite rencontre l'axe en un point P ; si l'on fait tourner le méridien MB autour de l'axe, le point M engendre un parallèle ; la droite MP reste normale à la surface et rencontre toujours l'axe au point P.

THÉORÈME.

84. *Si deux surfaces de révolution sont engendrées par deux courbes D et B (fig. 218) tangentes entre elles en un point M et tournant autour du même axe OC, elles ont même plan tangent en tous les points du parallèle engendré par le point M.*

En effet, en un point quelconque M_1 de ce parallèle, le plan tangent pour chacune des deux surfaces est déterminé par la tangente M_1T_1 au parallèle commun et la tangente M_1C commune aux nouvelles positions D_1 et B_1 des génératrices.

85. CorOLLAIRE. *On peut inscrire une infinité de sphères dans une surface de révolution;* car si en un point quelconque M_1 du méridien M_1B_1 (fig. 218) on mène la normale M_1P, la circonférence décrite du point P de rencontre de la normale avec l'axe comme centre avec M_1P pour rayon sera tangente au méridien M_1B_1 et la sphère engendrée par cette circonférence aura même plan tangent que la surface de révolution en tous les points du parallèle commun engendré par le point M_1.

86. *Détermination des contours apparents d'une surface de révolution.*

1° Supposons d'abord l'axe vertical. Si l'on mène un plan quelconque par l'axe et une tangente verticale au méridien que détermine ce plan, cette tangente, dans le mouvement de révolution autour de l'axe, engendre un cylindre vertical circonscrit à la surface ; son point de contact décrit une circonférence de contour apparent qui se projette horizontalement en vraie grandeur suivant la circonférence engendrée par la trace de la tangente verticale.

Il y a donc autant de circonférences de contour apparent que l'on peut mener de tangentes verticales à la méridienne[1].

87. REMARQUE. Ces parallèles de contour apparent sont les parallèles maxima et minima de la surface.

88. La ligne de contour apparent par rapport au plan vertical n'est autre chose que le méridien principal. Car tous les plans tangents menés à la surface par les points de ce méridien sont perpendiculaires au plan vertical de projection (81) et par suite ce méridien est la courbe de contact de la surface avec le cylindre circonscrit, perpendiculaire au plan vertical. Ce méridien parallèle au plan vertical se projette verticalement en vraie grandeur. Le contour apparent vertical est donc la projection verticale du méridien principal.

89. REMARQUE. Tout point de la surface projeté verticalement sur le contour apparent vertical a sa projection horizontale sur la parallèle à la ligne de terre menée par le pied de l'axe. De même, tout point de la surface projeté horizontalement sur la trace horizontale du méridien principal a sa projection verticale sur le contour apparent vertical.

90. 2° *Si l'axe de la surface de révolution a une position quelconque*, on déterminera sur l'axe les centres d'un certain nombre de sphères inscrites, le contour apparent de la surface sur un plan de projection quelconque sera l'enveloppe des projections de ces sphères[2] (45).

---

[1] Il peut se faire que les tangentes qui déterminent un cylindre projetant vertical soient situées de part et d'autre du point de contact dans l'intérieur du solide limité à la surface de révolution. — On dit alors que la courbe de contact est *virtuelle*.

[2] Quand la génératrice est une courbe plane, on obtient facilement les centres de ces sphères inscrites; quand elle est une courbe gauche, on mène en un point quelconque de la courbe une tangente et un plan perpendiculaire à cette tangente, le point de rencontre de ce plan et de l'axe est le centre d'une sphère qui touche la surface de révolution suivant le parallèle engendré par le point considéré; car en ce point les deux surfaces ont même plan tangent, celui qui est déterminé par la tangente à la directrice et la tangente au parallèle commun.

91. *Mener un plan tangent à une surface de révolution par un point quelconque de la surface.*

1° Supposons l'axe vertical ; soient A′ (fig. 219) le contour apparent vertical et la circonférence A le contour apparent horizontal de la surface (fig. 219).

Soit m' la projection verticale d'un point de la surface par lequel on se propose de mener un plan tangent ; le parallèle de la surface qui passe par ce point est projeté verticalement suivant $p'\,q'$, horizontalement en vraie grandeur, suivant la circonférence pq ; à la projection verticale m' correspondent donc deux projections horizontales m, m_1 ; considérons le point $m_1.m'$; la tangente au méridien qui passe par ce point rencontre l'axe au même point $o.c'$ que la tangente $p'c'$, menée au méridien principal par le point $p.p'$ situé sur le parallèle de m_1. m' ; cette tangente a donc pour projections $om_1.\,c'm'$; sa trace horizontale est h ; la perpendiculaire Pα menée de h à la trace horizontale om_1 du méridien du point $m_1.\,m'$ est la trace horizontale du plan tangent cherché (81) ; on détermine la trace verticale de ce plan soit au moyen de la trace verticale de la tangente au méridien, soit au moyen d'une horizontale quelconque du plan tangent, menée par un point de $om_1.c'm'$. Sur l'épure, cette trace verticale αP$_1$ a été déterminée au moyen de la trace verticale v' de l'horizontale du plan menée par le point de contact $m_1\,m'$, c'est-à-dire de la tangente au parallèle qui passe par ce point.

Quand la tangente au méridien ne rencontre pas l'axe dans les limites de l'épure, on détermine la trace horizontale[1] h_1 de la tangente $op.\,c'p'$ menée au méridien principal par le point $p.p'$ du parallèle du point donné, et par un mouvement de rotation très-simple on obtient la trace horizontale h de la tangente au méridien du point donné. On peut aussi, dans ce cas, obtenir la direction du plan tangent, en menant la normale

---

[1] Dans le cas considéré, cette trace est située généralement dans les limites de l'épure.

au point donné. Cette normale rencontre l'axe au même point $o.n'$ que la normale $op.n'p'$, menée par le point $p.p'$ du paral-lèle de $m_1.m'$ situé sur le méridien principal.

92. 2° Si l'axe est parallèle au plan vertical et incliné par rapport au plan horizontal, on mène, comme dans le cas précé-dent, la normale à la surface au point donné, et l'on fait pas-ser par ce point un plan perpendiculaire à la normale. On peut, du reste, déterminer la tangente au méridien, en cherchant le point où elle rencontre l'axe.

93. Dans la pratique, on ne rencontre pas de surfaces de révo-lution dans d'autres positions que celles que nous avons con-sidérées ; si l'on voulait, comme exercice de construction, con-sidérer le cas où l'axe de la surface aurait une position quel-conque, il faudrait, par un changement de plan, revenir à une des deux positions précédentes.

CINQUIÈME LEÇON.

94. *Solution générale du problème de l'intersection de deux surfaces.*

Si l'on coupe deux surfaces A et B par une troisième surface quelconque C, tout point commun aux deux intersections de cette troisième surface avec les deux premières est un point commun aux trois surfaces A, B et C, et par conséquent un point de l'intersection des surfaces A et B.

Si donc on veut déterminer l'intersection des surfaces A et B et si l'on sait trouver des surfaces telles que C dont il soit facile de construire les intersections avec A et B, on pourra obtenir autant de points que l'on voudra de l'intersection de A et B.

Les surfaces sécantes auxiliaires que l'on emploie le plus fréquemment sont des plans. Nous allons donc d'abord nous occuper de la détermination des sections planes des surfaces.

95. *Solution générale du problème de l'intersection d'une surface par un plan.*

On peut déterminer l'intersection d'une surface par un plan comme on a déterminé une section plane d'une pyramide (Ire partie, 148). On projette la surface sur un plan vertical perpendiculaire au plan sécant, on détermine la trace du plan sé-

16

cant sur ce plan de projection auxiliaire, et l'on a une projection auxiliaire de l'intersection représentée par une ligne droite; on sera ainsi ramené à résoudre un certain nombre de fois ce problème : *étant donnée une projection verticale d'un point d'une surface, déterminer la projection horizontale de ce point.*

Cette solution générale est applicable à tous les cas, mais on peut quelquefois en employer d'autres qui conduisent à des constructions plus simples, nous les indiquerons lorsque l'occasion s'en présentera.

96. *Application de la solution générale à la détermination d'une section plane d'un cône.*

Soient A.A′ la base et $s.s'$ le sommet d'un cône (fig. 220) et $P\alpha P_1$ le plan sécant[1]; sur un plan vertical mené suivant $x_1 y_1$ perpendiculaire à $P\alpha P_1$ le cône est projeté suivant $s''a''b''$, et le plan a pour trace hP_2 (Ire partie, 146 3°)[2]; l'intersection cherchée a donc pour projection verticale auxiliaire la partie $m''n''$ de la trace hP_2 comprise entre $s''a''$ et $s''b''$ qui forment le contour apparent du cône sur le nouveau plan vertical de projection. Si l'on veut avoir sur les deux premiers plans les projections d'un point quelconque de l'intersection projeté en p'' sur le plan auxiliaire, on mènera la génératrice qui passe par ce point; cette génératrice a pour projection sur le plan auxiliaire $s''r''$; à cette projection correspondent deux projections horizontales sr, sr_1 et deux projections $s'r'$, $s'r'_1$ sur le premier plan vertical; à la projection verticale p'' correspondent donc deux points $p.p'$, $p_1.p'_1$ de l'intersection cherchée. On répétera cette construction un nombre de fois suffisant et l'on joindra par un trait continu les points obtenus de cette manière. Il conviendra de l'appliquer à la détermination des points k, k_1, i', i'_1, situés sur les contours apparents, puisqu'en ces points les projections de la courbe sont tangentes aux contours apparents; il

---

[1] Le lecteur pourra répéter les mêmes raisonnements et des constructions analogues pour déterminer la section plane d'un cylindre.

[2] Dans l'exemple considéré on a mené à $P\alpha P_1$ un plan parallèle $L\lambda L_1$ qui a pour trace sur le nouveau plan vertical la droite $h_1\pi$ parallèle à la nouvelle trace verticale hP_2.

est facile de projeter les génératrices qui donnent ces contours apparents sur le plan auxiliaire de projection.

97. *Ponctuation*. Les génératrices vues en projection horizontale sont celles qui ont leurs traces horizontales sur l'arc *fbg* de la base A, par suite la partie de la courbe d'intersection vue en projection horizontale est celle dont les points appartiennent à ces génératrices; cette partie est projetée suivant l'arc kmk_1 compris entre les points k et k_1 situés sur le contour apparent horizontal.

Les génératrices vues en projection verticale sont celles qui ont leurs traces horizontales sur l'arc *urv* de la base A, compris entre les tangentes perpendiculaires à la ligne de terre; par suite la partie de la courbe d'intersection vue en projection verticale est celle dont les points appartiennent à ces génératrices; cette partie est projetée suivant l'arc $i'm'i'_1$, compris entre les points i' et i'_1 du contour apparent vertical.

Chaque projection de l'intersection se compose donc de deux arcs limités aux points du contour apparent; l'un de ces arcs est vu et l'autre caché. On reconnaîtra, pour un arc quelconque, s'il est vu ou caché en menant la génératrice par un quelconque de ses points et en examinant la position de son point de rencontre avec la base du cône.

98. *Construction de la tangente*.

La tangente en un point p_1. p'_1 de la courbe est l'intersection du plan PαP$_1$ et du plan tangent à la surface en ce point (17); la trace horizontale du plan tangent en $p_1.p'_1$ est $r_1 t$ qui rencontre Pα en t; t est la trace horizontale de la tangente cherchée; il est facile d'en déduire ses projections $p_1 t. p'_1 t'$.

99. *Construction des tangentes horizontales*. Les tangentes horizontales de l'intersection étant situées dans le plan sécant sont des horizontales de ce plan, et par suite parallèles à Pα; elles sont situées aussi dans des plans tangents au cône, qui sont alors déterminés, puisque ces plans sont parallèles à Pα. L'un de ces plans a pour trace horizontale la tangente *ad* parallèle à Pα, et pour trace verticale ds'[1]. Le point c' de rencontre de ds' et P$_1\alpha$ est la trace verticale d'une tangente horizontale, dont la projection verticale $c'n'$ est parallèle à la ligne de terre, et dont la projection horizontale cn est parallèle à Pα. On obtient les projections $n.n'$ du point de contact au moyen des projections $as.a's'$ de la génératrice qui passe par ce point. La seconde tangente parallèle à Pα menée à la base donne une seconde tangente horizontale au point $m.m'$. Sur le plan auxiliaire les tangentes horizontales sont projetées aux points m'',n'' limites de la projection auxiliaire de l'intersection.

100. *Construction des tangentes à l'intersection parallèles à un plan quelconque.* Les tangentes cherchées, étant situées dans le plan sécant et parallèles au second plan donné, sont parallèles à l'intersection des deux plans ; les plans tangents dans lesquels sont situées ces droites sont donc parallèles à une droite déterminée ; si donc on construit ces plans tangents, leurs intersections avec le plan sécant donné seront les tangentes cherchées ; les points de contact sont les points de rencontre de ces tangentes avec les génératrices de contact.

101. Corollaire. La solution de ce problème permet de mener à une quelconque des deux projections de la courbe d'intersection une tangente parallèle à une direction quelconque donnée ; il suffit, en effet, de mener à l'intersection une tangente parallèle au plan mené suivant la direction donnée perpendiculairement au plan de projection sur lequel est tracée cette direction.

102. Nous avons appliqué cette construction au cas où la direction donnée est perpendiculaire à la ligne de terre.

L'intersection de PαP$_1$ avec un plan perpendiculaire à la ligne de terre mené par le sommet est une droite dont la trace horizontale est γ et la trace verticale δ' ; par un rabattement autour de la trace horizontale de ce dernier plan, la parallèle, menée à cette droite par le sommet rabattu en s_1 (du côté op-

---

[1] Il faut observer que le sommet du cône a été pris sur le plan vertical de projection.

posé à δ_1) est $s_1\beta$ (parallèle à $\gamma\delta_1$) dont la trace horizontale est β;
les tangentes menées de ce point à la base A du cône sont les
traces des plans tangents cherchés et les points ε et θ de rencontre avec Pα sont les traces horizontales des tangentes perpendiculaires à la ligne de terre. Les génératrices de contact
donnent les projections $\mu.\mu'$, $\nu.\nu'$ des points de contact.

AUTRES PROCÉDÉS POUR DÉTERMINER UNE SECTION
PLANE D'UN CÔNE.

103. 1° On peut déterminer directement les points de ren·
contre du plan avec un certain nombre de génératrices et joindre les points de rencontre par un trait continu.

104. 2° On peut aussi considérer le cône et le plan comme
deux surfaces quelconques (94) et les couper par des plans
auxiliaires donnant des génératrices d'intersection dans le cône.
Il suffit, pour que cette dernière condition soit remplie, que
les plans sécants passent par le sommet du cône; si donc on
mène une droite quelconque par le sommet, les plans menés
suivant cette droite ne pourront donner que des droites comme
intersections dans le cône et dans le plan sécant; par conséquent, il y a une infinité de manières de satisfaire à la question.

Ainsi menons à la base A du cône (fig. 220 *bis*, pl. 29) deux tangentes *ab*, *cd* parallèles entre elles et rencontrant toutes deux la
trace horizontale Pα du plan sécant PαP$_1$ dans les limites de l'épure;
faisons passer les plans auxiliaires par la parallèle *sm.s'm'* menée par
le sommet *s.s'* du cône à cette droite et qui rencontre PαP$_1$ en *m m'*.
Tous ces plans auront leurs traces horizontales parallèles à *ab* et *cd*
et comprises entre ces droites; les droites suivant lesquelles ils cou-
peront le plan PαP$_1$ auront leurs traces horizontales sur Pα et seront
assujetties à passer par *m.m'*.
Si l'on veut, par exemple, trouver le point de l'intersection situé
sur la génératrice *sr.s'r'*, on mènera par la trace horizontale *r* de cette
génératrice la parallèle *rh* à *ab* et on joindra le point *h* où cette parallèle rencontre Pα au point *m*. Le point *l* commun à *hm* et à *sr* est la
projection horizontale du point cherché.
Ce procédé n'est autre chose que l'application de la méthode générale donnée pour déterminer les points de rencontre d'un plan avec

des droites, en employant comme plans auxiliaires menés suivant les droites des plans dont les intersections avec le plan donné soient faciles à construire.

Il est clair que cette méthode est également applicable à la détermination d'une section plane d'un cylindre.

105. 3° Dans le cas particulier considéré où la base est une circonférence, on peut aussi avoir recours à des plans auxiliaires horizontaux qui coupent le cône suivant des circonférences projetées horizontalement en vraie grandeur et le plan sécant suivant des horizontales.

106. *Développement de la surface.*

Le cône étant une surface développable (14), on peut se proposer de la développer et de déterminer ce que devient la courbe d'intersection sur le développement. Soit d'abord la surface latérale d'une pyramide SABCDEFG (fig. 221) que l'on veut développer sur le plan de la face SAB en l'ouvrant suivant la génératrice SD. Après avoir construit un triangle $S_1A_1B_1$ (fig. 221 *bis*) égal à SAB, nous construirons à gauche de S_1B_1 un triangle $S_1B_1C_1$ égal à SBC et déterminé par ses trois côtés, puis à gauche de S_1C_1 le triangle $S_1C_1D_1$ de la même manière ; on construira de même successivement à droite de S_1A_1 les triangles $S_1A_1G_1$, $S_1G_1F_1$, $S_1F_1E_1$, $S_1E_1D_2$ respectivement égaux à SAG, SGF, SFE, SED déterminés par leurs trois côtés ; le secteur polygonal $S_1D_1C_1B_1A_1G_1F_1E_1D_2$ est le développement demandé.

On remarquera que le développement a été effectué par rapport à un observateur qu'on suppose placé dans l'intérieur de la pyramide et regardant la face SAB ; c'est l'hypothèse que nous adopterons toujours dans nos développements.

107. Nous appliquerons les mêmes constructions au développement de la surface latérale d'un cône que nous considérerons comme celle d'une pyramide dont les arêtes sont très-rapprochées. Sur la figure 220, nous avons partagé la base A en douze parties égales, et pour le développement nous avons supposé la surface ouverte suivant la génératrice projetée en *sa* et développée sur le plan tangent mené suivant la génératrice oppo-

sée projetée en sb, puis nous avons considéré la surface du cône comme celle d'une pyramide de douze faces ayant pour arêtes les génératrices qui joignent le sommet aux points de division de la base.

Pour obtenir sur le développement la face projetée en sb_1, nous remarquerons que la génératrice sb. $s''b''$ est projetée en vraie grandeur en $s''b''$ sur le plan auxiliaire, le côté b_1 est donné en vraie grandeur sur le plan horizontal, et la génératrice projetée en s_1 est donnée en vraie grandeur en $s_2{}_1$ au moyen du rabattement de son plan vertical projetant. On peut donc construire le triangle SB1 (fig. 222) au moyen de ses trois côtés; on obtient de même sur le développement le triangle S1 R$_1$ correspondant à la face projetée en $s_1 r_1$.

On répétera la même construction successivement pour tous les éléments dans lesquels on a partagé la surface latérale du cône.

Dans le cas de notre épure, le plan vertical projetant de l'arête sa. $s''a''$ est un plan de symétrie; il suffit donc de construire directement une moitié du développement, l'autre étant symétrique par rapport à SB.

Pour obtenir sur le développement le point de l'intersection projeté en m. m', situé sur la génératrice sb. $s'b'$, on remarquera que la distance de ce point au sommet est donnée en $s''m''$ sur le plan auxiliaire de projection, on portera donc la distance $s''m''$ de S en M sur l'arête SB du développement; pour un point quelconque p_1.p'_1, situé sur une génératrice sr_1.$s'r'_1$, on prendra sa distance $p_4 s_3$ au sommet sur le rabattement du plan vertical projetant de l'arête sr_1. $s'r'_1$; et l'on portera cette distance $s_5 p_4$ de S en P$_1$ sur l'arête SR$_1$ du développement.

108. *Construction de la tangente en un point du développement.*

On conçoit que le plan tangent à la surface suivant un élément infiniment petit quelconque tourne en même temps que l'élément de contact jusqu'à ce que cet élément se place dans le plan du développement; le plan tangent coïncide alors avec ce dernier plan et la tangente à une courbe passant par le point considéré se place ainsi dans le plan sur lequel s'effectue le développement; c'est cette droite que nous appellerons le *développement de la tangente.*

Nous allons démontrer d'abord que le développement de la tangente à une courbe de la surface est tangente au développement de la courbe.

Considérons la ligne polygonale *abcd* tracée sur la surface latérale de la pyramide (fig. 221); sur le développement (fig. 221 *bis*) cette ligne devient $a_1 b_1 c_1 d_1$, l'élément $d_1 c_1$ joint deux points d_1 et c_1, d'autant plus rapprochés que les arêtes SC, SD sont plus voisines; si les arêtes représentent les génératrices d'un cône, les points c_1 et d_1 sont infiniment voisins et la droite $c_1 d_1$ donne la direction de la tangente à la courbe du développement suivant l'élément $c_1 d_1$; en même temps, la droite *cd* dont $c_1 d_1$ est le développement donne la direction de la tangente à la courbe de la surface suivant l'élément *cd*; donc le développement de la tangente à la courbe donne la tangente au point correspondant du développement.

Si l'on veut construire cette tangente, on remarquera dans le triangle $c_1 C_1 H_1$ que $c_1 C_1$ est une droite déjà tracée sur le développement, que $C_1 H_1 = CH$ est donnée en vraie grandeur sur le plan horizontal et que $c_1 H_1$ mesure la distance de deux points connus, distance facile à obtenir en rabattement quand la figure est représentée en projections; on peut donc facilement construire ce triangle sur le développement.

109. Remarque. — La droite $C_1 H_1$, prolongement de $D_1 C_1$, représente à la limite la tangente au développement de la base suivant l'élément $D_1 C_1$, et CH la tangente à la base du cône suivant l'élément DC; quand il sera possible de mener cette tangente *a priori*, on se servira de cette considération pour éviter de construire la grandeur de la droite $c_1 H_1$.

110. Si l'on applique ces considérations à la construction de la tangente au point P_1 de la courbe du développement (fig. 222), on construira d'abord (fig. 220) la vraie grandeur $p_3 t$ de la distance du point $p_1 p'_1$ à la trace horizontale t de la tangente à la courbe d'intersection en ce point; des points P_1 et R_1 (fig. 222) comme centres avec $p_3 t$ et $r_1 t$ respectivement pour rayons, on décrira des arcs de cercle ; le point t_1 commun à ces deux arcs est un point de la tangente en P_1 à la courbe du développement.

En joignant t_1R_1 on a de même la tangente au développement de la base du cône (109).

111. *Points d'inflexion du développement.*

Un point d'inflexion d'une courbe est un point où cette courbe cesse de présenter sa concavité dans un sens pour la présenter dans le sens opposé, c'est-à-dire que la tangente à une courbe en un point *d'inflexion* traverse cette courbe en ce même point sans cesser de l'avoisiner d'un côté comme de l'autre. Ainsi la courbe formée par la lettre S présente un point d'inflexion vers le milieu de cette lettre.

Il est utile, pour déterminer avec précision la forme de la courbe d'intersection sur le développement, de savoir construire les points où cette courbe présente des inflexions. *Ces points sont ceux qui correspondent aux points de l'intersection où le plan sécant est normal à la surface.*

En effet, soient S'A'B' (fig. 223) une face latérale d'une pyramide projetée sur un plan qui lui est parallèle et que nous prendrons pour plan vertical de projection ; soient $pmnq$ la trace verticale d'un plan perpendiculaire à S'A'B' et S'C', S'D' les projections sur ce plan des arêtes voisines ; l'intersection est projetée sur le plan de S'A'B' suivant la droite $pmnq$. Si l'on rabat sur le plan de S'A'B' les deux faces adjacentes, le point projeté en p vient se placer sur la perpendiculaire pr à la charnière sm et à une distance p_1r de r plus grande que pr, puisque p_1r est l'hypoténuse d'un triangle rectangle dont pr est un côté de l'angle droit, l'élément mp devient mp_1 dirigé dans l'angle obtus S'mp ; de même l'élément nq devient nq_1 dirigé dans l'angle obtus B'nq ; si donc les deux angles S'mp et B'nq formés de côtés différents de pq sont obtus, les éléments p_1m, nq_1 voisins de mn seront situés de côtés différents de la direction mn de la tangente ; il y aura donc inflexion en mn ; or ceci a lieu généralement lorsque la surface latérale, au lieu d'être celle d'une pyramide, appartient à un cône, car alors les génératrices S'm, S'n sont infiniment voisines et les angles $S'mp$, $B'nq$ sont les suppléments d'un même angle aigu $S'mn$.

Il y a exception dans le cas particulier où l'angle $S'mn$ est droit, c'est-à-dire quand le plan sécant est perpendiculaire à une génératrice, car alors les points analogues à p_1 et q_1 se placent forcément du même côté que le sommet par rapport à la tangente, quelque petit que soit l'angle $A'S'B$.

Ces considérations sont également applicables au développement d'une section plane d'un cylindre.

112. Si l'on veut appliquer ces considérations au cas de la section du cône donné (fig. 220) par le plan $P\alpha P_1$, on cherchera en quels points le plan sécant est normal à la surface (73); la perpendiculaire menée du sommet $s.s'$ sur le plan sécant a sa trace horizontale dans l'intérieur A de la base; on ne peut donc pas mener au cône de plan tangent perpendiculaire au plan sécant; ce plan n'est donc pas normal et par suite le développement de l'intersection ne présente pas d'inflexion.

113. Si l'on applique les mêmes considérations à la détermination des points d'inflexion du développement de la base, qu'on peut considérer comme la section faite dans le cône par le plan horizontal de projection, on remarquera que les projections horizontales sf, sg des génératrices de contour apparent sont les traces horizontales des plans tangents verticaux et, par conséquent, perpendiculaires au plan sécant qui est le plan horizontal; donc aux points de contact f et g le plan horizontal est normal à la surface, et par suite, en chacun des points correspondants F et G (fig. 222) du développement, le développement de la base présentera une inflexion.

114. *Développement de la surface latérale d'un cylindre.*

On pourrait construire le développement de la surface latérale d'un cylindre comprise entre deux plans quelconques, comme on a obtenu celui de la surface latérale d'un cône en construisant successivement au moyen de leurs côtés et des diagonales les trapèzes qui composent cette surface. Mais on peut ici opérer plus simplement en ayant recours à la section droite, c'est-à-dire à l'intersection de la surface par un plan perpendiculaire aux génératrices. Dans le développement, les éléments de cette intersection viendront se placer successivement perpendiculairement à une direction commune et par conséquent formeront une ligne droite. Si l'on marque sur cette droite les points qui correspondent aux points de la section, en menant par ces points des perpendiculaires au développement de la section, on aura les développements des génératrices de la surface et l'on pourra, au moyen de ces génératrices, obtenir le développement de telle courbe que l'on voudra tracer sur la surface.

Soient AB.A'B' (fig. 224) le cylindre donné et $P\alpha P_1$ un plan perpendiculaire aux génératrices ; sur un plan vertical mené suivant $x_1 y_1$ perpendiculaire à $P\alpha$, le cylindre a pour projection A″B″ et le plan sécant a pour trace $P_2 k$ perpendiculaire aux projections des génératrices . sur le nouveau plan ; l'intersection est projetée suivant $m''n''$ sur ce plan auxiliaire ; elle a pour projection horizontale la courbe mn et pour projection verticale $m'n'$; elle est rabattue en vraie grandeur suivant la courbe MN sur le plan horizontal[1].

Le cylindre est supposé ouvert suivant la génératrice dont la trace horizontale est e et qui perce le plan sécant au point $m.m''$ rabattu en M ; le développement est effectué sur le plan tangent mené suivant la génératrice dont la trace horizontale est f et qui perce le plan sécant au point $n.n''$ rabattu en N. Sur une droite indéfinie $M_1 M_2$ (fig. 225) considérée comme développement de la section droite, prenons un point N_1 quelconque comme correspondant à $n.n''$, et à droite du point N_1 prenons des longueurs $N_1\alpha_1$, $\alpha_1\beta_1$, $\beta_1\gamma_1$, etc., respectivement égales aux arcs $N\alpha$, $\alpha\beta$, $\beta\gamma$, etc., mesurés sur le rabattement de la section droite, puis menons par les points α_1, β_1, γ_1, etc., des perpendiculaires à $N_1 M_1$, nous aurons ainsi en développement les génératrices du cylindre correspondantes à des projections déterminées. Si l'on veut obtenir sur ce développement la trace horizontale A du cylindre, pour un point quelconque c de cette trace situé sur la génératrice qui rencontre la section au point projeté en d et

---

[1] On opère tout à fait comme dans le cas d'une section plane d'un cône et l'on distingue de la même manière les parties vues des parties cachées.

rabattu en γ, on remarquera que la distance de ce point à la section droite est donnée en vraie grandeur en $c''d''$ sur le plan auxiliaire. On portera donc $c''d''$ de γ_1 en C sur la perpendiculaire à M_1N_1 menée par le point γ_1 correspondant à γ de la section droite, et l'on aura un point C du développement de la base. En répétant cette construction un nombre de fois suffisant, on aura le développement de la base A. Sur la figure, on a pris pour trace horizontale du cylindre une circonférence, alors le plan vertical mené par la droite qui joint les centres des deux bases est un plan de symétrie, de sorte qu'il suffit de faire le développement de la moitié de la surface. Chacune des deux moitiés du développement de la base se compose elle-même de deux parties symétriques par rapport au point de rencontre de la courbe avec la génératrice qui est à égales distances des génératrices extrêmes.

Considérons, en effet, la génératrice dont le pied est g, milieu de egf (fig. 224), cette génératrice donne en développement le point G (fig. 225). Soient c et c_1 deux points également distants de g, les génératrices correspondantes ont pour longueur $c''d''$ et $c''_1d''_1$ données sur le plan auxiliaire de projection; l'une $c''_1d''_1$ surpasse $g''l''$, longueur de la génératrice du point G, de c''_1z; l'autre, $c''d''$ est inférieure à cette même longueur $g''l''$ de vg''; or, on a: $c''_1z = vg''$ à cause de l'égalité des triangles $g''c''_1z$ et $g''c''v$; sur le développement on a donc aussi $GZ = GV$; les deux triangles CGV, C_1GZ sont donc égaux, et par suite $GC = GC_1$; les angles VGC, C_1GZ sont aussi égaux; les points C et C_1 sont donc symétriques par rapport à G; donc quand on aura construit l'arc FG, on pourra s'en servir pour construire l'arc symétrique GE_2.

On obtient le développement de la base supérieure en portant sur toutes les génératrices du développement à partir des points de la base inférieure une longueur constante égale aux génératrices du cylindre, longueur donnée en $u''t''$ sur la projection verticale auxiliaire.

Le développement de la tangente en un point r de la base s'obtient facilement au moyen du triangle rectangle formé par cette tangente, la génératrice qui passe par le point de contact et la tangente à la section droite menée par le point où le plan

sécant est rencontré par cette génératrice ; cette dernière droite
perpendiculaire aux génératrices coïncide sur le développement
avec la section droite. Sa longueur est d'ailleurs rabattue en
vraie grandeur suivant $h\beta$; on portera donc la longueur $h\beta$ de
β_1 en h_1 sur le développement et l'on joindra le point h_1 au point
R du développement qui correspond à r ; h_1R est la tangente
cherchée.

Les points de la base qui présentent une inflexion sur le développement sont les points G et G_1, car aux points correspondants g et g_1 le plan de la base, qui est le plan horizontal, est
perpendiculaire aux plans tangents au cylindre qui sont verticaux (111).

115. Pour le cylindre comme pour le cône on peut déterminer une section plane en construisant des points de rencontre
des génératrices avec le plan sécant ; on peut également avoir
recours à des plans sécants parallèles aux génératrices du cylindre. Ces plans coupent le cylindre et le plan sécant suivant
des droites ; comme on peut mener une infinité de plans parallèles à une droite, il y a une infinité de directions de plans sécants satisfaisant à la question.

Dans le cas de notre épure, comme dans le cas considéré de
la section plane d'un cône, on peut aussi avoir recours à des
plans auxiliaires horizontaux. Ces plans coupent le cylindre
suivant des circonférences projetées horizontalement en vraie
grandeur et le plan suivant des horizontales.

SIXIÈME LEÇON.

BRANCHES INFINIES.
SECTIONS PLANES DES CÔNES ET CYLINDRES DE RÉVOLUTION.

116. *Cas d'un cylindre.* Tout point situé à l'infini sur l'intersection d'un cylindre et d'un plan est donné soit par une génératrice parallèle au plan, soit par une génératrice située à l'infini.

117. Si le cylindre a pour directrice une courbe fermée, il n'y a point de génératrice située à l'infini, et l'intersection ne peut avoir de points à l'infini que ceux qui sont donnés par des génératrices du cylindre parallèles au plan; comme les génératrices sont toutes parallèles entre elles, le plan sécant est alors parallèle aux génératrices et ne peut couper le cylindre que suivant des lignes droites.

118. Si le cylindre a pour directrice une courbe à branches infinies, en négligeant le cas où les génératrices sont parallèles au plan sécant, les génératrices menées par les points de la directrice situés à l'infini, donnent seules des points de l'intersection situés à l'infini, car toutes les autres rencontrent le plan à des distances finies. La tangente en un point de l'intersection situé à l'infini, c'est-à-dire une *asymptote*, est l'intersection du plan sécant avec le plan tangent mené en ce point et qu'on appelle *plan asymptotique;* ce plan est déterminé par la génératrice de contact située à l'infini et la tangente à la base au point où elle est rencontrée par la génératrice de contact; ce plan tangent est situé à une distance finie si la branche correspondante de la directrice a une asymptote, puisqu'il est mené par cette asymptote parallèlement aux génératrices du cylindre; dans le cas contraire, le plan tangent est situé à l'infini, la tangente elle-même est située à l'infini, et il n'y a plus d'asymptote.

Les asymptotes disparaissent également quand le plan sécant est parallèle à un plan asymptotique, l'intersection se compose alors de lignes droites.

119. *Cas d'un cône.*

Toutes les génératrices d'un cône passant par le sommet qui est situé à une distance finie, l'intersection d'un cône et d'un plan ne peut avoir de points situés à l'infini que les points de rencontre du plan avec les génératrices du cône qui lui sont parallèles; donc, pour reconnaître si l'intersection d'un cône et d'un plan a des points situés à l'infini, on mènera par le sommet du cône un plan parallèle au plan sécant; selon que ce plan parallèle coupera ou non la surface, le cône aura ou non des génératrices parallèles au plan sécant, et l'intersection présentera ou non des branches infinies.

La tangente en un point de cette intersection situé à l'infini, c'est-à-dire une asymptote, est l'intersection du plan sécant et du plan tangent au point situé à l'infini, plan qui est le même pour tous les points de la génératrice de contact; donc, pour déterminer les asymptotes de l'intersection d'un cône et d'un plan, il suffit de construire les droites d'intersection du plan sécant et des plans tangents au cône menés suivant les génératrices parallèles au plan sécant. On peut remarquer que ces asymptotes sont respectivement parallèles aux génératrices du cône qui sont parallèles au plan sécant.

Quand l'un de ces plans tangents est parallèle au plan sécant, l'intersection a une forme parabolique.

120. *Exemple d'une section plane d'un cylindre dans le cas des branches infinies.*

Soit $A.A_1$ (fig. 226) une hyperbole donnée sur le plan horizontal comme directrice d'un cylindre dont les génératrices sont parallèles à une droite $mn\ m'n'$.

Déterminons d'abord la trace verticale du cylindre; cette trace est une hyperbole dont les asymptotes sont les traces verticales des deux plans asymptotiques (118); ces plans sont menés suivant les asymptotes de la base, qui sont, par conséquent, leurs traces horizontales; les points de rencontre β et γ de ces asymptotes avec la ligne de terre donnent chacun un point de la trace verticale correspondante; on détermine un second point δ' commun aux deux traces verticales, en menant par le centre $o\ o'$ de la directrice une parallèle $o\delta.o'\delta'$ à $mn\ m'n'$; on obtient ainsi une droite située dans chacun des plans asymptotiques [1]; la trace verticale δ' de cette droite est un point de chacune des asymptotes de la trace verticale.

---

[1] Cette droite est le lieu des centres de toutes les sections planes du cylindre considéré; sa projection verticale est donc le lieu des points de rencontre des projections verticales des asymptotes de toutes les sections planes du cylindre.

On peut construire autant de points que l'on veut de cette trace verticale au moyen des génératrices du cylindre, mais on connaît déjà de cette trace les points c et d où la trace horizontale rencontre la ligne de terre, et avec ces points on en construira autant d'autres que l'on voudra, au moyen des asymptotes $\gamma\delta'$, $\beta\delta'$.

Pour construire cette courbe avec soin, il convient de déterminer les traces verticales des plans projetants des quatre génératrices de contour apparent, on obtient ainsi quatre droites tangentes à l'hyperbole, trace verticale du cylindre.

Soit $P\alpha P_1$ un plan dont on demande l'intersection avec le cylindre donné, les asymptotes sont les intersections de $P\alpha P_1$ avec les deux plans asymptotiques $o\gamma\delta'$, $o\beta\delta'$ (118); ces intersections sont projetées suivant les droites $ef.e'f'$, $gh.g'h'$; on pourrait déterminer d'autres points de l'intersection par les procédés généraux, mais il est plus commode ici de construire les hyperboles, projections de l'intersection, en se servant des asymptotes et des points où les traces du plan $P\alpha P_1$ coupent les traces du cylindre.

121. *Exemple d'une section plane d'un cône dans le cas des branches infinies.*

Soit $s.s'$ (fig. 227) le sommet d'un cône limité d'une part au plan horizontal de projection dans lequel il a pour base la circonférence A, et d'autre part à un plan horizontal distant du sommet d'une longueur égale à la moitié de la distance du sommet au plan horizontal de projection, et qui le coupe suivant la circonférence $a.$ a'; soit $P\alpha P_1$ le plan sécant perpendiculaire au plan vertical. Le plan $Q\beta s'$, mené par $s.s'$ parallèlement à $P\alpha P_1$, coupe le cône suivant les deux génératrices $sb.s'\beta$, $sb_1.s'\beta$; l'intersection a donc des branches infinies. Cette intersection a pour projection verticale les parties rectilignes $\alpha c'.d'\alpha'_1$ de la trace verticale comprises dans les limites du contour apparent vertical du cône. Pour obtenir la projection horizontale d'un point quelconque de l'intersection projeté verticalement en m', on mènera la projection verticale $s'm'r'$ de la génératrice qui passe par le point considéré, et l'on obtient les deux projections horizontales correspondantes sr, sr_1, et par suite deux projections horizontales m, m_1 correspondantes à la projection verticale m'. Les points c', d' du contour apparent vertical donnent les projections horizontales correspondantes c et d; les points e, e_1 du contour apparent horizontal sont obtenus au moyen de la projection verticale correspondante c', située sur $s'f'$, projection verticale des deux génératrices auxquelles appartiennent ces points.

En ces points e, e_1 la projection horizontale de la courbe est tangente au contour apparent.

Pour obtenir les asymptotes de l'intersection, il suffit de déterminer les intersections du plan $P\alpha P_1$ avec les plans tangents au cône, menés suivant les génératrices $sb. s'\beta$, $sb_1. s'\beta$ parallèles au plan sécant ; les traces horizontales de ces plans tangents sont les tangentes bh, b_1h_1 à A menées par les points b et b_1, traces horizontales des génératrices parallèles à $P\alpha P_1$. Leurs points de rencontre h, h_1 avec $P\alpha$ sont donc les traces horizontales des asymptotes cherchées ; ces asymptotes, parallèles aux génératrices $sb. s'\beta$, $sb_1. s'\beta$, suivant lesquelles sont menés les plans tangents, sont donc déterminées.

La figure 228 donne les développements des deux nappes du cône ; le développement de la nappe inférieure a été obtenu, comme précédemment (107), au moyen d'éléments triangulaires de la surface, considérée comme surface latérale d'une pyramide ; pour le développement de la base supérieure, il suffit de remarquer que chaque génératrice totale, comprise entre les deux bases, est partagée au sommet dans un rapport constant ; ici, ce rapport est celui de 1 à 2 ; il suffit donc de prolonger chaque génératrice de la nappe inférieure d'une longueur égale à sa moitié pour avoir sur le développement le point correspondant de la base supérieure. Le développement de la section s'obtient comme précédemment (107) en portant sur chaque génératrice la distance du point correspondant au sommet.

On a marqué sur le développement de la base inférieure et sur celui de la base supérieure les points 1, 2, 3, 4 qui appartiennent à l'intersection. La courbe de la nappe inférieure est formée d'une seule partie, parce qu'il n'y a pas de point de l'intersection sur la génératrice suivant laquelle on a ouvert la surface, tandis que celle de la nappe supérieure est formée de deux parties distinctes, attendu que le point $d. d'$ qui est situé sur la génératrice suivant laquelle on ouvre la surface vient se placer d'une part en D et d'autre part en D_1 sur les deux positions que prend la génératrice suivant laquelle on ouvre la surface.

Pour obtenir les asymptotes sur le développement, on opère comme pour les tangentes ordinaires, avec cette seule différence qu'au lieu de joindre le point qui correspond à la trace horizontale de cette tangente à un point de la génératrice de contact situé à une distance finie, on mène par ce point une parallèle à cette génératrice construite sur le développement. Les génératrices parallèles aux asymptotes deviennent SB et SB_1 ; le point H correspondant à la trace horizontale h d'une asymptote a été obtenu au moyen de ses distances au sommet et à la trace horizontale b de la génératrice de contact, le point H_1 a été déterminé de la même manière ; HK parallèle à SB et H_1 K parallèle à SB_1 représentent les asymptotes sur le développement ; ces droites ainsi déterminées sont asymptotes au développement de la courbe d'intersection ; car il a été démontré d'une manière générale (108) que, quelque éloigné que soit le point de contact, la tangente à la courbe dans l'espace devient une tangente à la courbe correspondante du développement ; une asymptote à la courbe devient donc une tangente au développement avec un point de contact situé à l'infini, c'est-à-dire une asymptote. Les courbes, développements des bases, présentent des inflexions aux points F, F_1, Φ, Φ_1 correspondant aux points f, f_1, φ, φ_1 (fig. 227) où les plans de ces bases sont perpendiculaires aux plans tangents verticaux. Le développement de la courbe d'intersection présente des inflexions aux points ρ et ρ_1 qui correspondent aux points situés sur les génératrices de contact du cône avec les plans tangents perpendiculaires à $P\alpha P_1$; ces plans ont pour traces horizontales les tangentes tg, tg_1 (fig. 227) à la base A menées par la trace horizontale t de la perpendiculaire à $P\alpha P_1$ abaissée du sommet du cône sur le plan sécant.

Avant de quitter les sections planes du cylindre et du cône, nous allons examiner deux cas très-simples qui se présentent fréquemment dans la pratique.

122. *Intersection d'un cylindre de révolution vertical et d'un plan perpendiculaire au plan vertical.*

Soient R.R' (fig. 229) le cylindre et PαP₁ le plan. L'intersection est projetée horizontalement suivant R base du cylindre, verticalement suivant $a'b'$ partie de la trace verticale αP₁ comprise dans le contour apparent vertical du cylindre ; le rabattement de la section sur le plan vertical de la projection est l'ellipse ADBC ; le petit axe CD de cette ellipse est égal au diamètre même du cylindre, son grand axe AB égal à $a'b'$ est la distance entre les points a' et b' où ce plan sécant est rencontré par les deux génératrices du cylindre situées dans un plan diamétral qui lui est perpendiculaire. On peut remarquer que les projections de ces deux génératrices sur le plan sécant coïncident avec la projection de l'axe sur le même plan[1].

Le développement a été construit sur la figure 230. Cette construction ne présente ici aucune difficulté, puisque la section droite du cylindre est sa trace horizontale et que les génératrices sont projetées en vraie grandeur sur le plan vertical. Le développement de la tangente en un point $m_1.m'$ qui devient le point μ sur le développement, s'obtient au moyen de sa trace horizontale t qui devient T situé à une distance TM $= tm_1$ de l'extrémité M de la génératrice qui passe par le point considéré.

Les points γ et δ correspondant aux points c et d de la section pour lesquels le plan sécant est normal au cylindre sont des points d'inflexion du développement de la courbe.

123. *Intersection d'un cône de révolution dont l'axe est vertical et d'un plan perpendiculaire au plan vertical.*

Soient $s.s'$ le sommet (fig. 231), A la base du cône et PαP₁ le plan sécant. Appelons β l'angle des génératrices du cône avec le plan horizontal ; selon que le plan donné fera avec le plan horizontal un angle plus petit que β, égal à β ou plus grand que β, le plan parallèle à PαP₁ mené par le sommet ne coupera pas le cône, sera tangent ou donnera deux génératrices d'intersection ; dans le premier cas il n'y a pas de branches infinies

---

[1] Cette observation permet de construire immédiatement la trace horizontale d'un cylindre de révolution dont on donne l'axe et le rayon.

et la courbe d'intersection est une ellipse ; dans le second cas il y a une génératrice du cône, et une seule, parallèle au plan sécant, le plan tangent mené suivant cette génératrice coupe le plan sécant à l'infini, la courbe d'intersection a donc des branches infinies sans asymptote, c'est une parabole ; dans le troisième cas, l'intersection a des branches infinies avec des asymptotes, c'est une hyperbole.

Considérons le cas d'une section elliptique, c'est-à-dire où la trace verticale αP_1 fait avec xy un angle γ plus petit que β. L'intersection est projetée verticalement suivant la partie $a'b'$ de la trace verticale comprise dans le contour apparent du cône ; on obtient la projection horizontale d'un point quelconque de la courbe projeté verticalement en m' au moyen de la projection horizontale sh_1 ou sh_2 de la génératrice qui passe par ce point. On obtient ainsi deux projections horizontales m, m_1 correspondantes.

Ce procédé est en défaut pour les points situés sur les génératrices dont les projections verticales se confondent avec celle de l'axe, parce que la perpendiculaire menée à la ligne de terre par le point k' de rencontre avec la trace verticale du plan se confond avec les projections horizontales des génératrices ; dans ce cas on se sert d'un plan horizontal passant par le point projeté en k' ; ce plan coupe le cône suivant une circonférence projetée verticalement en $p'q'$ horizontalement en vraie grandeur suivant la circonférence pq ; les points dont la projection verticale est k' sont projetés horizontalement en k et k_1 sur la circonférence pq.

On peut obtenir facilement les deux axes de la projection horizontale de l'ellipse d'intersection : les points projetés en a' et b' donnent les projections horizontales a et b situées sur la trace horizontale d'un plan vertical de symétrie par rapport au cône et au plan sécant ; ab est un axe de la projection horizontale ; le second axe perpendiculaire à ab est la projection horizontale d'une corde du cône perpendiculaire au plan vertical et projeté verticalement au point o' milieu de $a'b'$; le plan horizontal qui passe par ce point coupe le cône suivant une circonférence $ef.e'f'$ dont la projection horizontale ef contient les extrémités c et d du second axe.

La section est rabattue en vraie grandeur sur le plan vertical suivant l'ellipse $a_1 c_1 b_1 d_1$; le grand axe $a_1 b_1$ de cette ellipse est, comme dans le cas de la section plane d'un cylindre de révolution (122), la distance des points a' et b' où le plan sécant est rencontré par les deux génératrices du cône situées dans un plan qui lui est perpendiculaire et qui contient l'axe du cône ; le petit axe est la perpendiculaire menée par le milieu du grand axe perpendiculairement au plan des deux génératrices qui donnent le grand axe et terminée à la surface ; cette corde appartient à une circonférence dont on a immédiatement le centre $o.o'$ et le rayon $e' g'$, et dans laquelle elle est à une distance déterminée $o' g'$ du centre [1]

124. La surface latérale du cône a été développée sur la figure 232. Ici on a pu opérer d'une manière plus rapide que précédemment (107) pour déterminer le développement de la base, car tous les points de cette base, étant à une distance constante du sommet égale à la longueur des génératrices, se placent en développement sur une circonférence décrite d'un point S_1 comme centre avec un rayon égal à la longueur de la génératrice. Si l'on veut avoir la grandeur de l'angle au centre du secteur suivant lequel se développe la surface latérale, on remarquera que, si l'on appelle r le rayon de la base et l la longueur d'une génératrice, la longueur de la base développée est $2\pi r$; et la question revient à chercher la valeur de l'angle au centre correspondant à un arc de longueur $2\pi r$ sur une circonférence de rayon l. Sur cette circonférence, l'angle au centre correspondant à $2\pi l$ est $360°$; l'angle correspondant à l'unité de longueur est $\dfrac{360°}{2\pi l}$, et enfin l'angle correspondant à $2\pi r$ est [2]

$$\frac{360° \times 2\pi r}{2\pi l} = 360° \times \frac{r}{l}$$

[1] Si l'on inscrit une circonférence dans le triangle $s'a'b'$, le point de contact avec $a'b'$ est un foyer de l'ellipse d'intersection ; on peut se servir de cette propriété pour déterminer le second axe.

[2] On peut remarquer que, dans le cas où la section faite dans le cône par

L'arc, développement de la base, étant connu, on le partage en un certain nombre de parties égales et on partage en un même nombre de parties égales la circonférence, base du cône; on a ainsi des génératrices correspondantes sur le développement et en projection.

Pour obtenir la courbe d'intersection sur le développement, on a besoin de connaître les distances au sommet des points de cette courbe, situés sur les génératrices considérées; cela se fait très-simplement au moyen de mouvements de rotation autour de l'axe; les génératrices viennent coïncider successivement avec une génératrice de contour apparent; il suffit donc pour chaque point de mener par sa projection verticale une parallèle à la ligne de terre jusqu'au point de rencontre avec le contour apparent; la distance du point de rencontre à la projection verticale du sommet est la distance cherchée.

On a obtenu les points d'inflexion de l'intersection développée (111), en menant par le sommet du cône une perpendiculaire st $s't'$ au plan $P\alpha P_1$ et en menant par cette perpendiculaire deux plans tangents à la surface; les génératrices de contact projetées en su et su_1 contiennent les projections z et z_1 des points cherchés; ces génératrices deviennent S_1U, S_1U_1 sur le développement, et les points d'inflexion les points Z et Z_1 de l'intersection développée, situés sur ces génératrices. On obtient le développement de la tangente à l'intersection en un point $m.m'$ comme dans l'exemple précédent.

125. On peut démontrer géométriquement d'une manière très simple que, selon la grandeur de l'angle du plan sécant avec le plan horizontal, la projection horizontale de la courbe d'intersection est une ellipse, une parabole ou une hyperbole.

Coupons le plan sécant par un plan horizontal s'B, mené par le sommet du cône, et soit GE la projection horizontale de l'intersection; nous allons démontrer que pour un point quelcon-

---

un plan passant par l'axe est un triangle équilatéral, le développement de la surface latérale est un demi-cercle, puisque l'angle au centre du développement est alors $360° \times \dfrac{1}{2} = 180°$.

que m_1 de la projection horizontale le rapport de sa distance $m_1 s$ à la projection horizontale s du sommet du cône à sa distance m_1 F à la projection GE est constant.

Par conséquent la projection horizontale de la section sera une section conique dont s sera un des foyers et GE la directrice correspondante.

En effet, soient β et γ les angles aigus que font respectivement avec le plan horizontal les génératrices du cône et le plan $P_1 P_1$, on a : $m_1 s = m'_1 D = s' D \cot \beta$; on a aussi : $m_1 F = m'c'$ $= B c' \cot \gamma = s' D \cot \gamma$; on a donc

$$\frac{m_1 s}{m_1 F} = \frac{s' D \cot \beta}{s' D \cot \gamma} = \frac{tg \gamma}{tg \beta}$$

selon que l'on aura $\gamma < \beta$, $\gamma = \beta$ ou $\gamma > \beta$ ce rapport sera plus petit que 1, égal à 1 ou plus grand que 1, et la projection horizontale de l'intersection sera une ellipse, une parabole ou une hyperbole.

On peut donner à ce résultat une autre forme plus générale ; si on considère le plan P′ mené par le sommet du cône parallèlement au plan proposé, si l'on remarque que

Quand $\gamma < \beta$, P′ ne coupe pas le cône,
Quand $\gamma = \beta$, P′ est tangent au cône,
Quand $\gamma > \beta$, P′ coupe le cône,

on pourra dire que, *suivant que le plan mené parallèlement au plan sécant coupera le cône, lui sera tangent, ou ne le coupera pas, la section et ses projections sur tout plan qui ne lui sera pas perpendiculaire, sera hyperbolique, parabolique ou elliptique.*

126. *Déterminer les points de rencontre d'une droite avec la surface latérale d'un cône.*

Soient A.A′ (fig. 233) la base du cône donné dont le sommet est $s.s'$, et $bc.b'c'$ la droite dont on demande les points de rencontre avec la surface du cône ; par la droite $bc. b'c'$ et le sommet $s. s'$ menons un plan ; ce plan, dont la trace horizontale est *ch*, coupe la surface latérale du cône suivant les deux génératrices *ds.d's'*, *es.e's'* ; les points *m.m'*, *n.n'* communs à ces génératrices et à la droite donnée sont les points cherchés.

On déterminerait de la même manière les points de rencontre d'une droite avec la surface latérale d'un cylindre.

COMPOSITION DONNÉE AUX CANDIDATS A L'ÉCOLE NAVALE EN 1874.

127. Dans un plan passant par la ligne de terre, inclinée de 70 degrés sur le plan horizontal, on construit un rectangle dont les côtés ont une longueur de 8 et 10 centimètres, un des grands côtés étant placé sur la ligne de terre.

On imagine deux sphères ayant pour diamètres les deux grands côtés du rectangle, et on demande les traces du plan du petit cercle intersection de ces deux sphères et sa projection horizontale.

SOLUTION.

(Fig. 255 *bis*.). Prenons le point *o* à volonté, sur la ligne de terre, et portons de part et d'autre de ce point deux longueurs $oa = ob = 5^{cm}$. *ab* est un des grands côtés du rectangle.

Menons par le point *o* le plan de profil *x'oy'* et rabattons ce plan autour de sa trace horizontale sur le plan horizontal.

Le plan de profil coupe le plan du rectangle suivant une droite qui se rabat en oc'_1, et, si nous prenons sur cette droite $oc'_1 = 8^{cm}$, $c'_1 c$ sera la hauteur du deuxième grand côté du rectangle, au-dessus du plan horizontal, et nous aurons alors facilement les projections horizontale et verticale du rectangle donné en *mnpq* et *mnp'q'*.

Des points *o* et *c* comme centres avec les rayons *om* et *cp* décrivons deux cercles. Le premier *o* est à la fois la projection horizontale et la projection verticale de la sphère décrite sur *mn* comme diamètre ; le second est la projection horizontale de la sphère décrite sur *pq* comme diamètre. Le cercle décrit sur *p'q'* comme diamètre serait la projection verticale de cette sphère ;

mais comme cette projection n'est d'aucune utilité, nous ne l'avons pas tracée.

Cela posé, prenons pour nouveau plan vertical le plan de profil $x'y'$. Les projections de la première sphère restent les mêmes. Quant à la seconde, sa projection horizontale ne change pas et sa projection verticale devient le cercle décrit du point c'_1 comme centre, avec om comme rayon.

Dans ces nouvelles conditions la ligne des centres (oc, oc') est parallèle au plan vertical de projection. L'intersection des deux sphères est une circonférence dont le plan est perpendiculaire à la ligne des centres, et par suite, perpendiculaire au plan vertical de projection. Cette circonférence est donc projetée verticalement suivant une ligne droite. Or, les points a' et b' appartiennent à cette projection. Donc $a'b'$ est la projection verticale de la circonférence d'intersection. Ici, $a'b'$ passe nécessairement par le milieu de oc'_1 puisque les sphères sont égales.

Le plan de la circonférence d'intersection a pour trace horizontale TT perpendiculaire à la nouvelle ligne de terre et passant par le point e'. On revient ensuite par la méthode connue aux plans primitifs de projection et on a en TT et T'T', les traces horizontale et verticale du plan de la circonférence d'intersection des deux sphères. — Dans le cas particulier que nous considérons, ces traces sont parallèles à la ligne de terre.

Il nous reste à déterminer la projection horizontale de l'intersection.

Cette projection est une ellipse dont le grand axe a pour longueur $a'b'$. On en déduit facilement le petit axe ab, comme l'indique la figure, et on n'a plus alors qu'à construire une ellipse dont on connaît les deux axes.

Pour la ponctuation, il suffit de se reporter au problème 150.

COMPOSITION DONNÉE AUX CANDIDATS A L'ÉCOLE DE SAINT-CYR, EN 1874.

128. Un cylindre circulaire droit a sa base appliquée sur le plan horizontal de projection. La circonférence de cette base touche la ligne de terre, et son rayon R vaut 40 millimètres. La hauteur du cylindre est égale au rayon R.

Un cône circulaire droit, de même base et de même hauteur que le cylindre est superposé à ce dernier de manière que la base du cône coïncide avec la base supérieure du cylindre. L'arête SA du cône, S étant le sommet, est parallèle au plan vertical de projection. Cela posé, on demande de construire :

1° Les projections de l'ensemble des deux solides.

2° Les projections et la vraie grandeur de la section faite par un plan perpendiculaire à l'arête SA en son milieu.

3° Les parties du plan horizontal de projection cachées par l'ensemble des deux solides, l'œil étant placé sur la verticale du point A au-dessus de ce point d'une quantité égale à $\frac{5}{3}$ R.

1° Décrivons un cercle de 40^{mm} de rayon tangent à la ligne de terre. Nous aurons ainsi la projection horizontale du cylindre ; sa projection verticale est le rectangle $a'f'$ dont la hauteur $b'f'$ est égale au rayon du cercle s. (fig. 234)

Menons la verticale du point s et prenons $c's' = R = 40^{mm}$. s, s' sont les projections du sommet du cône ciculaire droit qui se projette horizontalement suivant le cercle s, et verticalement suivant $s'a'b'$.

2° Le plan perpendiculaire à l'arête SA en son milieu a pour trace verticale $\alpha p'$ perpendiculaire à $s'a'$ en son milieu, et pour trace horizontale αp perpendiculaire à la ligne de terre.

L'intersection de ce plan et du cylindre est une courbe qui se projette horizontalement suivant cbc_i et verticalement suivant $c'f'$.

Quant à la courbe suivant laquelle le plan coupe le cône, on a immédiatement sa projection verticale en $c'e'$. En menant par les points e' et c' des lignes de rappel, on obtient en e, c et c_i trois points de la projection horizontale.

Cherchons les projections horizontales des points qui se projettent verticalement en m'. Ces projections se trouvent sur la ligne de rappel. D'un autre côté, si l'on mène par le point M une section horizontale du cône, elle se projette verticalement suivant $m'\lambda'$ et horizontalement suivant la circonférence $s\lambda$. On a donc ainsi en m et m_1 les projections horizontales de deux points de la courbe (n° 96).

On peut obtenir ainsi autant de points qu'on le veut ; on a indiqué sur la figure la construction qui donne les points i et i_1. La courbe est évidement symétrique par rapport à ab.

On voit sur la figure la construction nécessaire pour obtenir les tangentes aux points $(m.m')$ et $(n.n')$ de la courbe de section.

Pour la première, on a mené la trace sur le plan horizontal $a'b'$ du plan tangent au cône le long de la génératrice sm, $s'm'$. On a ainsi obtenu le point g de la projection horizontale de la tangente. Cette tangente se projette donc horizontalement en gm (n° 98).

Pour la tangente au point (n,n') on a immédiatement sa projection horizontale en nt.

On a obtenu la vraie grandeur de la section en rabattant le plan P sur le plan vertical, en le faisant tourner autour de sa trace verticale. CFC_1 représente en vraie grandeur la partie de la courbe qui se trouve sur la surface du cylindre ; CEC_1 représente la partie de la courbe qui se trouve sur la surface du cône (n° 123).

3° L'œil étant supposé en (o',o) considérons un cône ayant pour sommet ce point (o',o) et pour directrice la base supérieure du cylindre ; toute la partie du plan horizontal comprise dans l'intérieur de ce cône sera évidemment cachée par le cylindre. Or, le plan horizontal coupe ce cône, suivant un cercle qui passe par le point o ou a et qui a pour centre la trace horizontale de la droite qui joint le point (o,o') au centre de la directrice. S'il n'y avait que le cylindre, le cercle ωa représenterait donc la partie du plan horizontal cachée pour l'œil placé en o. On a limité la partie cachée à la ligne de terre ; le plan vertical étant regardé comme un plan réel.

Le cône cache aussi une partie du plan horizontal. Pour l'obtenir, on a construit les traces horizontales des deux plans tangents menés au cône par le point (o, o') (n° 47). On a d'abord déterminé la trace horizontale w de la droite $(so', s'o')$; puis on a cherché les traces des deux plans tangents sur le plan horizontal $a'b'$. Pour cela, on a déterminé la trace u sur ce plan de la droite $(so, s'o')$ et on a mené par le point u des tangentes au cercle sa. Il ne restait plus alors qu'à mener par le point w des parallèles à ces tangentes.

COMPOSITION DONNÉE AUX CANDIDATS A L'ÉCOLE DE SAINT-CYR, EN 1875.

Un tronc de cône droit s'appuie par sa grande base circulaire sur le plan horizontal de projection. Le rayon R de cette grande base vaut 70 millimètres et son centre C est à une distance de 80 millimètres de la ligne de terre. L'arête latérale du tronc de cône a une longueur égale au rayon R et fait un angle de 45° avec le plan horizontal. Dans l'intérieur de ce tronc de cône et sur le même axe est placé un petit cône renversé, dont le sommet est au point C et dont la base coïncide avec la base supérieure du tronc.

Soit AB l'arête latérale du tronc de cône, qui est parallèle au plan vertical de projection, le point A étant sur la grande base et le point B sur la petite base, on demande :

1° De construire les projections de l'ensemble des deux corps ;

2° De construire les projections des sections faites dans les deux corps par un plan perpendiculaire à l'arête AB au point B ;

3° De mener par le point où la verticale du point A perce le plan sécant une tangente à la section faite dans le petit cône ,

4° De trouver le point où cette tangente perce le tronc de cône.

CONSTRUCTION. Les deux projections du tronc de cône et du petit cône intérieur se construisent facilement (fig. 235) : le tronc de cône est projeté horizontalement suivant les deux cercles AD, BE, ayant leurs centres en C, projection horizontale des deux sommets ; verticalement, suivant le trapèze A'B'E'D'. Le petit cône est projeté horizontalement suivant le cercle BE, verticalement suivant le triangle B'C'E'.

2° Soit B′αP le plan mené par le point B.B′ perpendiculairement à l'arête latérale AB.A′B′. Le plan mené par
l'axe commun aux deux cônes C.C′C′₁ parallèlement au
plan vertical de projection est un plan de symétrie commun à la fois au plan sécant proposé et aux deux cônes.
Les projections horizontales des sections cherchées seront
donc symétriques relativement à la trace horizontale AD de
ce plan.

La section du petit cône sera une ellipse projetée verticalement suivant la droite B′F′ (appendice 125) ; la droite BF sera
donc le grand axe de la projection de cette ellipse sur le plan
horizontal ; le petit axe sera déterminé par les points de rencontre avec la surface du petit cône, d'une droite, menée perpendiculairement au plan vertical de projection, par le point
a.a′, milieu du grand axe BF.B′F′; pour déterminer ces points
de rencontre, on aura recours à un plan horizontal auxiliaire
b′c′ coupant le cône suivant la circonférence bc dont les points
de rencontre d, d₁ avec la perpendiculaire au plan vertical
menée par a.a′ seront les extrémités du petit axe de l'ellipse.
L'intersection du tronc de cône par le plan B′αP est une parabole, car ce plan est parallèle à l'une des génératrices ED.E′D′
du tronc de cône (appendice 125); cette parabole est projetée
verticalement suivant la trace verticale B′α du plan sécant; en
projection horizontale, elle aura pour sommet le point B, pour
axe la ligne BD et les points e, f d'intersection de la trace horizontale αP du plan sécant avec la trace AeD du tronc de cône
appartiendront à cette parabole. Pour déterminer un point
quelconque de cette courbe, on aura recours à des plans
horizontaux auxiliaires tels que g′h′, fournissant les points
m, m₁.m′.

3° Les tangentes à la section du petit cône, menées par le
point AA′₁ sont les intersections du plan sécant B′αP proposé,
avec les plans tangents menés au petit cône par la droite
CA.C′A′₁. Les génératrices de contact du petit cône avec ces
plans tangents s'obtiendront en joignant le sommet C.C′ aux
points de contact i, i₁ de la circonférence de base BE.B′E′
avec les tangentes menées à cette circonférence par le point
k k′ de rencontre de la droite AC.A′₁C′ avec le plan horizontal

B'E' de cette base[1]. Les points d'intersection $l,l_1.l'$ de ces génératrices Ci,Ci_1 avec l'ellipse BdF fourniront les deux tangentes Al, Al_1 demandées.

4° Pour trouver les intersections de ces deux tangentes avec le tronc de cône, on mènera par ces droites et le sommet $C.C'_1$ du tronc de cône prolongé deux plans auxiliaires dont les traces horizontales sont po, p_1o.

Chacun de ces plans coupe le tronc de cône suivant deux génératrices ; nous n'avons représenté que celles, Cp, Cp_1, qui rencontrent les tangentes correspondantes dans les limites du tronc, et nous avons obtenu ainsi les deux points r, r_1 cherchés. Il est à remarquer que ces points doivent se trouver sur la parabole, section du tronc de cône; de plus, les tangentes Al, Al_1 doivent rencontrer les traces horizontales po, p_1o des plans auxiliaires correspondants aux points de rencontre s,s_1 de ces traces avec la trace horizontale αP du plan sécant proposé.

COMPOSITION DONNÉE AUX CANDIDATS A SAINT-CYR EN 1876.

Une pyramide triangulaire S\BC repose par sa base A BC sur le plan horizontal de projection. Le triangle ABC est équilatéral, son sommet A, le plus rapproché de la ligne de terre est à une distance de 25 millimètres de cette ligne, et le côté AB fait avec ladite ligne de terre un angle de 45°. Le côté du triangle équilatéral a une longueur de 90 millimètres, et les trois arêtes SA,SB,SC de la pyramide dont S est le sommet ont les longueurs suivantes, savoir :

$$SA = 100 \text{ millimètres ;}$$
$$SB = 86 \quad —$$
$$SC = 92 \quad —$$

Cela posé, on demande :

1° De construire les projections de la pyramide ;
2° De circonscrire une sphère à cette pyramide,

---

[1]. D'après la nature particulière des données, le point k se trouve sur le parallèle kk_1, déterminé dans le tronc de cône par le plan horizontal $b'c'$ qui a déjà servi à la détermination du petit axe de l'ellipse.

3° *De mener parallèlement à la face* SAC *de la pyramide un plan tangent à la sphère.*

CONSTRUCTION. 1° Le triangle équilatéral de base ABC étant construit d'après les données (fig. 236) on supposera les trois autres faces rabattues sur le plan horizontal de projection et on construira ces rabattements S_1AC, S_2AB, S_3BC d'après les données. Si on ramène ces faces dans leur position normale, le point S, projection horizontale du sommet, se trouvera à l'intersection des perpendiculaires abaissées des points S_1, S_2, S_3 sur les côtés qui leur sont opposés dans les faces rabattues. Pour obtenir la projection verticale S′, il suffira d'avoir la hauteur du sommet au-dessus du plan horizontal de projection. Cette hauteur s'obtiendra en $S\sigma$ par le rabattement sur le plan horizontal de projection du triangle rectangle ayant pour sommets le sommet de la pyramide, sa projection horizontale et le pied de la perpendiculaire abaissée de S sur le côté AB.

2° Le centre de la sphère circonscrite à la pyramide est le point de rencontre des plans menés perpendiculairement aux différentes arêtes par leurs points milieux ; on l'obtiendra donc en prenant l'intersection de la verticale passant par le centre O du cercle circonscrit au triangle de base et d'un plan $P\alpha P'$ perpendiculaire à l'arête SB par exemple en son point milieu $a.a'$. On a employé comme plan auxiliaire le plan $O\beta Q$ perpendiculaire au plan horizontal et donnant comme intersection avec le plan $P'\alpha P$ la droite $b\beta.b'u'$ rencontrant au point cherché $O.O'$ la verticale du point O.

3° Pour trouver les plans tangents demandés on mènera par le centre $O.O'$ une droite $Oe.O'e'$ perpendiculaire au plan $R\gamma S$ de la face SAC; puis, par une rotation autour de la verticale du point O, on amènera cette droite à occuper la position $Oe_1, O'e'_1$ parallèle au plan vertical de projection, les points f'_1, g'_1 d'intersection de cette droite avec le grand cercle de contour apparent de la sphère sur le plan vertical donneront, lorsqu'on ramènera la droite à sa position primitive, les points de contact $f.f'$, $g.g'$ cherchés. Les traces $I\pi H$, $I_1\pi_1 H_1$ des plans tangents cherchés s'obtiendront par une construction analogue.

9. **COMPOSITION DONNÉE AUX CANDIDATS A L'ÉCOLE NAVALE EN 1875.**

Un plan incliné de 60° sur le plan horizontal passe par une droite située dans ce dernier plan et faisant un angle de 30° avec la ligne de terre. Dans le plan incliné on décrit un triangle équilatéral dont le côté a 5 centimètres, un des côtes parallèle à la trace horizontale étant placé à 4 centimètres de cette trace.

Un tétraèdre a pour base ce triangle et pour hauteur 10 centimètres comptés sur la perpendiculaire au plan mené par le centre du triangle. Après avoir fait les projections du tétraèdre, les candidats indiqueront la suite des constructions sans les démontrer et les parties invisibles sur les deux plans de projection.

CONSTRUCTION. Les traces du plan qui doit contenir la base du tétraèdre peuvent se construire sans rapporteur de la manière suivante : soit ABC un triangle équilatéral de côté quelconque, ayant un des côtés BC sur la ligne de terre xy ; menons la hauteur Ao partant du sommet A ; le plan cherché devra être tangent à un cône de révolution, ayant pour axe la ligne Ao et pour arête latérale un des côtés issus du point A, AC par exemple ; sa trace horizontale sera donc tangente à un cercle décrit du point o comme centre avec oC comme rayon ; la trace verticale passera d'ailleurs par le point A. D'autre part, la trace horizontale du plan, devant faire un angle de 30° avec la ligne de terre, devra être parallèle à la hauteur CD du triangle équilatéral issu du point C. Il suffira donc, pour avoir la trace horizontale du plan, de mener à la circonférence décrite du point o comme centre avec oC comme rayon, une tangente αP parallèle à la hauteur CD, et, pour avoir la trace verticale αP″, de joindre le point α au point A.

Soit $a''b''c''$ le rabattement de la base du tétraèdre autour de la base horizontale αP du plan de cette base ; on en déduira facilement les projections $abc . a'b'c'$ de cette base et les projections $f . f'$ du centre de la base.

Le sommet se trouvera sur une droite $fg . f'g'$, perpendiculaire au plan PαP′. Pour obtenir les projections S. S′ de ce sommet, il suffira de faire tourner la droite $fg.f'g'$ autour de la verticale du point $f. f'$ de manière à l'amener à être dans la position $fg_1. f'g'_1$ parallèle au plan vertical de projection et de prendre sur cette droite $fg_1. f'g'_1$ une longueur $f'h'_1$ égale à 10 centimètres; lorsqu'on ramènera la droite à sa position primitive, le point $h_1. h'_1$ prendra la position $s.s'$. Les points $s.s'$ seront donc les projections du sommet cherché.

COMPOSITION DONNÉE AUX CANDIDATS A L'ÉCOLE NAVALE EN 1876.

Un plan $P\alpha P'$, *dont la trace horizontale fait un angle de* $30°$ *avec la ligne de terre, est incliné de* $55°$ *sur le plan vertical. On prend, dans la partie de ce plan qui se trouve dans le premier dièdre, un point* A *distant de* $0^m,02$ *du plan horizontal et de* $0^m,03$ *du plan vertical.*

Construire les projections d'un cône droit à base circulaire qui repose par sa base sur la face supérieure du plan $P'\alpha P$; *le point* A *étant le centre de cette base. La hauteur du cône est de* $0^m,12$ *et le rayon de base est de* $0^m,03$.

CONSTRUCTION. Soit αP une droite quelconque, faisant avec la ligne de terre XY un angle de $30°$ et choisie comme trace horizontale du plan de la base du cône ; prenons un point quelconque B sur cette trace ; du point B menons la droite BC perpendiculaire à la ligne de terre XY, et la droite BD, faisant avec la ligne de terre un angle de $55°$; le plan devant être, dans l'espace, tangent au cône ayant pour axe BC et pour arête latérale BD, sa trace verticale devra être tangente à une circonférence décrite du point C comme centre avec CD comme rayon ; la trace verticale $\alpha P'$ s'obtiendra donc en menant du point α une tangente à cette circonférence.

Le centre de la base, devant être à $0^m,02$ du plan horizontal, se trouvera sur l'horizontale $ab. a'b'$ répondant à cette distance; ce même point devant être à $0^m,03$ du plan vertical aura sa projection horizontale sur la trace cd d'un plan parallèle au plan vertical et situé à $0^m,03$ de celui-ci ; le centre de la base aura donc sa projection horizontale A à l'intersection des droites ab et cd ; la projection verticale A' s'en déduira.

13

Supposons le plan PαP' rabattu sur le plan horizontal, et soit A″ le cercle de base rabattu. En replaçant le plan dans sa posi_tion primitive et en opérant le relèvement successif des différents points de ce cercle, on obtiendra les deux projections de la base du cône. Ces constructions seront simplifiées si l'on remarque que, pour chacun des plans de projection, le demigrand axe de l'ellipse, projection de la base, est la projection en vraie grandeur d'un rayon du cercle de base parallèle à la trace du plan PαP' correspondante ; que le demi-petit axe est la projection d'un rayon du cercle perpendiculaire à la même trace. D'ailleurs le détail des constructions effectuées pour obtenir les deux projections de la base se trouve exposé dans un exercice précédent (page 200).

Pour obtenir les projections du sommet S.S′, on mènera par le point A.A′ une perpendiculaire au plan de base et on prendra sur cette perpendiculaire, comme dans l'exercice précédent, une longueur égale à $0^m,12$.

Les génératrices de contour apparent du cône sur le plan horizontal sont, par définition, les génératrices de contact des plans tangents menés au cône par la verticale du sommet S.S′, Cette verticale rencontre le plan de la base du cône en un point $S.S'_1$ déterminé à l'aide du plan auxiliaire SβQ. Dans le rabattement du plan de la base sur le plan horizontal, le point $S.S'_1$ se rabat en S''_1 ; les traces des plans tangents verticaux sur le plan de la base seront donc rabattues en $S''_1 u''$, $S''_1 u''_1$ suivant les tangentes menées du point S''_1 au cercle de base rabattu A″. En relevant les points u'', u''_1 de contact sur la projection horizontale de la base, on obtiendra les génératrices Su, Su_1 de contour apparent du cône sur le plan horizontal. On obtiendrait de même les génératrices de contour apparent sur le plan vertical.

FIN.

COMPOSITION DONNÉE AUX CANDIDATS A L'ÉCOLE DE SAINT-CYR,
EN 1877 (fig. 259).

On donne un point S dans l'espace, situé à 45 millimètres
au-dessus du plan horizontal et à 60 millimètres en avant du
plan vertical de projection. Ce point est le sommet de deux
cônes droits à base circulaire. Le premier de ces deux cônes
repose par sa base sur le plan horizontal de projection, son axe
est en conséquence vertical ; le second cône a son axe perpendiculaire au plan vertical de projection contre lequel il s'appuie par sa base. Le rayon de base de chacun de ces deux cônes
est de 36 millimètres. On donne aussi un point o situé sur l'axe
du second cône entre la base et le sommet S et à 17 millimètres de ce sommet.

Cela posé on demande :

1° de construire les projections de l'ensemble des deux
corps ;

2° de mener par le point o, un plan vertical faisant un angle
de 45° avec le plan vertical de projection, et de construire la
projection des sections faites dans les deux cônes par ce plan;

3° de mener par l'un des points où la trace horizontale du
plan sécant rencontre la base du premier cône, un plan tangent
à ce premier cône;

4° Enfin de mener un plan tangent au second cône perpendiculairement au premier plan tangent.

SOLUTION.

1° Les projections des cônes se construisent avec la plus
grande facilité; elles sont limitées aux nappes qui reposent sur
les plans de projection. Le contour apparent de chacun des cônes
masque en partie la projection de l'autre sur chacun des plans
de projection.

2° Le plan vertical coupant les deux cônes a pour traces PαP'.
Il a pour intersections, avec le premier cône une branche
d'hyperbole, avec le second une ellipse ; en effet le plan mené

parallèlement à lui par le sommet commun coupe le premier cône suivant deux génératrices et n'en rencontre aucune du second.

Le plan mené par S, S′ perpendiculairement à PαP′ est un plan de symétrie aussi bien pour ce plan que pour le premier cône (celui dont l'axe est vertical) ; son intersection b, $b'b''$ avec le plan PαP′ sera donc un axe de l'hyperbole d'intersection. Le sommet s'obtiendra en prenant l'intersection de cet axe avec le parallèle ba, $b'a'$ du cône qui touche le plan PαP′. Les asymptotes $b'''c'$, $b'''c'_1$, seront données par la droite d'intersection du plan PαP′ avec les plans tangents au cône menés par les génératrices Sj, $S'j'$; Sj_1, $S'j_1'$, parallèles au plan sécant. Le point e, e' situé sur la génératrice de contour apparent Sd, $S'd'$ sera fourni par l'intersection de cette génératrice et du plan PαP′. Enfin un point quelconque s'obtiendra en cherchant les points d'intersection d'un parallèle quelconque avec le plan PαP′ ; cette construction très simple n'est pas indiquée sur la figure.

Le plan horizontal passant par le sommet commun S, S′ du cône est un plan de symétrie aussi bien pour le second cône (celui dont l'axe est perpendiculaire au plan vertical de projection) que pour le plan sécant PαP′. Son intersection ff_1, $f'f'_1$ avec le plan PαP′ sera donc un axe de l'ellipse d'intersection. Un point quelconque de cette courbe s'obtiendra en prenant les points de rencontre d'un parallèle arbitrairement choisi avec le plan PαP′. C'est ainsi qu'on a obtenu les extrémités g', g'_1 du petit axe de l'ellipse projection verticale. La distinction des parties vues et cachées ne présente aucune difficulté.

La trace horizontale Pα du plan sécant coupe la base du premier cône au point i. La tangente $i\beta$ menée par ce point à cette circonférence sera la trace horizontale du plan cherché. La trace verticale sera déterminée par le point β et la trace verticale K′ d'une horizontale de ce plan menée par S, S′.

Les plans tangents menés au second cône perpendiculairement au plan $i\beta$ K′ que l'on vient d'obtenir, passent par la perpendiculaire Sl, $S'l'$ à ce plan menée par le sommet S, S′. Leurs traces verticales sont donc les tangentes $l'\varepsilon$, $l'\varepsilon$, menées au cercle de base par la trace verticale l' de cette droite ; et les traces horizontales s'obtiendront en joignant la trace horizontale *m* de cette même droite aux points δ et ε déjà obtenus.

COMPOSITION DONNÉE AUX CANDIDATS A L'ÉCOLE DE SAINT-CYR,
EN 1878 (fig. 240).

On donne un plan PαP′ dont les traces font avec la ligne de terre *xy* des angles : Pα*x* = 45°, P′α*x* = 56° ; (le point α étant situé à droite et à 100 millimètres du point milieu de la ligne de terre). On donne en outre un point S situé dans le plan PαP′ à 42 millimètres en avant du plan vertical de projection, et à 45 millimètres au-dessus du plan horizontal. Ce point S est le sommet d'un tétraèdre SABC qui s'appuie par sa base ABC sur le plan horizontal de projection. L'angle solide S est trirectangle, le plan de la face SAB du tétraèdre est parallèle à la ligne de terre, et la face SBC est située dans le plan PαP′.

Cela posé, on demande :

1° de construire la projection du tétraèdre ;

2° de prendre les points O et I, milieux des arêtes opposées AC et SB et de tirer la droite OI ;

5° de mener par cette droite OI un plan faisant un angle de 53° avec l'arête SB ;

4° de construire la projection de la section faite dans le tétraèdre par ce plan.

SOLUTION.

Les traces du plan PαP′ et la projection S, S′ du sommet du tétraèdre ont été construites conformément aux données.

1° Le trièdre ayant pour sommet S, S′ étant par hypothèse trirectangle, chacune de ses arêtes est perpendiculaire à la face opposée. La perpendiculaire SA, S′A′ au plan PαP′ sera donc l'arête opposée à ce plan et la trace horizontale A, D′ de cette droite le sommet correspondant sur le plan horizontal.

La face SAB étant parallèle à la ligne de terre, sa trace AB sur le plan horizontal sera également parallèle à cette ligne. Enfin l'arête opposée SC, S'C' à cette face sera la perpendiculaire à xy menée par le point S. S'.

Les projections S A B C, S'A'B'C' du tétraèdre sont donc déterminées

2° Les projections OI, O'I' de la droite joignant les points milieux O, O'; I, I' de AC, A'C' et de SB, S'B' s'obtiennent en joignant les points milieux des projections horizontale et verticale de ces droites.

3° Les plans passant par I, I' et faisant avec la droite SB, S'B' un angle de 55° sont tous tangents à un cône de révolution ayant pour sommet I, I' et pour axe IS, I'S'. Les plans demandés sont donc les plans tangents menés à ce cône par la droite OI, O'I'. Nous les déterminerons tout d'abord par leur point commun I, I' et leurs traces sur la face SAC, S'A'C'. Ces dernières passeront par le point O, O' et seront tangentes à la circonférence trace du cône sur cette face, circonférence qui a pour centre le point S, S'.

Rabattons le plan projetant de l'arête SB, S'B' sur le plan horizontal en le faisant tourner autour de la projection SB. L'arête se rabattra en S_1B ; le point I, I' en I_1 ; la trace du plan projetant sur la face SAC en S_1D ; l'arête du cône comprise dans le plan projetant deviendra la droite $I_1 E_1$ faisant avec le rabattement $I_1 S_1$ de l'axe un angle de 55°. Le segment de droite $S_1 E_1$ représentera donc en vraie grandeur le rayon de la circonférence trace du cône sur la face SAC.

Cela fait, rabattons la face SAC sur le plan horizontal en la faisant tourner autour de AC comme charnière. Le point S, S' viendra en S_2 et la circonférence trace du cône sera en rabattement le cercle décrit de S_2 comme centre avec $S_1 E_1$ comme rayon ; enfin le point O ne bougera pas. Les traces des plans tangents cherchés sur la face SAC seront donc rabattues suivant les tangentes menées par le point O au cercle S_2 et leurs projections OF, O'F' ; OG, O'G' s'obtiendront par un simple relèvement.

Les traces des deux plans sur les deux plans de projection s'en déduisent très facilement. Cherchons, par exemple, les

traces horizontales et verticales du plan déterminé par le point
I,I' et la droite FO, F'O'. Menons par le point F,F' un plan
horizontal ; il rencontrera la droite OI, O'I' au point H, H' et
la droite FH, F'H' sera une horizontale du plan : la parallèle OJ
à cette horizontale sera la trace horizontale cherchée. En joignant la trace verticale M' d'une horizontale quelconque LM,
L'M' à la trace verticale N' de la droite OI, O'I' on obtiendra
la trace verticale du plan. On obtiendrait de même les traces
OβN' du second plan.

4° Les sections déterminées par chacun des plans de la question sont des quadrilatères OFIJ, O'F'I'J' ; OGIK, O'G'I'K' dont les
côtés sont les intersections de chaque plan avec les quatre
faces du tétraèdre. On a supposé enlevée dans le tétraèdre la
partie de ce solide située au-dessus de l'ensemble des deux
plans. Des hachures amorcées permettent de juger quelle
serait la forme de chaque section si on ne considérait qu'un
des deux plans sécants.

COMPOSITION DONNÉE AUX CANDIDATS A L'ÉCOLE DE SAINT-CYR,
EN 1879 (fig. 241).

On donne deux points α et β situés sur la ligne de terre,
distants entre eux de 175^{mm} et deux plans passant par ces
points : — l'un PαP' dont les traces font avec la ligne de terre
des angles Pαx = 36°, P'αx = 48° ; — l'autre QβQ' qui est
perpendiculaire au plan vertical de projection et qui fait un
angle de 42° avec le plan horizontal. — Cela posé on
demande :

1° de prendre dans le plan PαP' un point S situé à 100^{mm}
au-dessus du plan horizontal et à 42^{mm} en avant du plan vertical de projection ;

2° de construire les projections d'un cône circulaire droit
ayant le point S pour sommet et s'appuyant par sa base sur
le plan QβQ', le diamètre de base de ce cône étant égal à sa
hauteur ;

3° de mener les plans tangents à ce cône parallèles à l'intersection des deux plans PαP' et QβQ'.

SOLUTION.

Les traces des plans $P\alpha P'$, $Q\beta Q'$ ont été construites conformément aux données.

1° Le sommet S, S' se trouve à l'intersection de l'horizontale SA, S'A' du plan $P\alpha P'$ située à 100^{mm} au-dessus du plan horizontal et du plan SB parallèle au plan vertical de projection et situé à 42^{mm} de ce dernier.

2° L'axe du cône est la perpendiculaire SC, S'C' menée du point S, S' au plan $Q\beta Q'$; comme il est parallèle au plan vertical de projection, il est représenté en vraie grandeur par le segment S'C' de sa projection verticale.

La trace du cône sur le plan $Q\beta Q'$ est une circonférence dont le centre est C, C' et dont le rayon est $\dfrac{S'C'}{2}$. Ses projections GEFD, G'F' s'obtiennent immédiatement en rabattant le plan $Q\beta Q'$ sur le plan horizontal autour de βQ comme charnière, prenant le rabattement C_1 du point C,C' et décrivant de C_1 comme centre avec $\dfrac{S'C'}{2}$ comme rayon une circonférence $G_1 E_1 F_1 D_1$; le relèvement de ce cercle donne la projection GEFD, G'F' de la base du cône.

Les génératrices de contour apparent du cône sont: sur le plan vertical les droites S'G', S'F' ; sur le plan horizontal les tangentes menées du point S à l'ellipse GEFD. On peut déterminer ces dernières directement. En effet ces tangentes sont les génératrices de contact des plans tangents menés au cône par la verticale S, $S'S'_1$; la trace de cette droite sur le plan $Q\beta Q'$ est le point S, S'_1 qui se rabat en S_2 ; les traces sur le plan $Q\beta Q'$ des deux plans tangents du contour apparent seront donc en rabattement les tangentes menées du point S_2 au cercle $G_1 E_1 F_1 D_1$ et leurs points de contact H_1 et I_1 avec la circonférence relevée en H et I seront les points de contact des génératrices de contour apparent avec l'ellipse GEFD.

5° Les plans tangents menés au cône parallèlement à l'intersection $\beta_1 j$, $\beta j'$ des plans $P\alpha P'$, $Q\beta Q'$ passent tous deux par la parallèle SK, S'K' menée à cette droite par le sommet S, S' du cône. Mais cette dernière droite étant parallèle à une droite $\beta_1 j$, $\beta j'$ du plan QβQ', tout plan passant par elle aura pour traces sur QβQ' des parallèles à $\beta_1 j$, $\beta j'$. Les plans tangents demandés auront donc pour traces sur QβQ' des tangentes au cercle de base parallèles à $\beta_1 j$, $\beta j'$; on tire de là la construction suivante : Prendre le rabattement $\beta_1 j_1$ de $\beta_1 j$, $\{j'$ sur le plan horizontal ; mener au cercle de base rabattu $G_1 E_1 F_1 D_1$ des tangentes $M_1 N_1$, $R_1 T_1$, parallèles à $\beta_1 j_1$, et relever en N, N' ; T, T' les points de contact N_1, T_1 de ces droites avec la circonférence ; SN, $S'N'$ et ST, $S'T'$ seront les génératrices de contact des plans tangents cherchés. Ceux-ci devant en outre passer tous deux par la droite SK, $S'K'$ seront complètement déterminés. Leurs traces sont figurées sur l'épure en KM_1, $U'V'$ pour l'un et KR_1, $W'V'$ pour l'autre.

COMPOSITION DONNÉE AUX CANDIDATS A L'ÉCOLE DE SAINT-CYR,
EN 1880 (fig. 242).

On donne : 1° Un plan PαP' dont les traces font avec la ligne de terre des angles Pαy $=$ 45°, P'αy $=$ 36° ; 2° un point S situé dans ce plan, à 42^{mm} en avant du plan vertical de projection et à 54^{mm} au-dessus du plan horizontal.

On demande :

1° de construire les projections d'une pyramide triangulaire SABC, ayant pour sommet le point S et s'appuyant sur le plan horizontal par sa base ABC (le point A étant le plus éloigné de la ligne de terre), au moyen des données suivantes : Le plan de la face ASC est perpendiculaire au plan PαP' et fait un angle de 72° avec le plan horizontal ; la face ASB est située dans le plan PαP' ; l'angle plan, ASC $=$ 75° ; l'angle plan ASB $=$ 66° ;

2° de mener par le centre de gravité G de la pyramide un plan perpendiculaire à la droite SG, qui joint ce centre de gravité au sommet S, et de construire les projections de la section faite par ce plan dans le solide.

SOLUTION.

Les traces PαP' du plan et les projections S, S' du sommet de la pyramide ont été placées sur l'épure conformément aux données.

1° La face ASC devant faire avec le plan horizontal de projection un angle de 72°, sera tangente à un cône ayant son sommet en S, S', son axe vertical en S, S'E' et son angle au sommet E'S'F' égal à (90° — 72°) ou 18°. Ce cône est déterminé par ces conditions, et il a pour base sur le plan horizontal de projection la circonférence FD décrite du point S comme centre avec SF = E'F' comme rayon. D'autre part la face ASC devant être, par hypothèse, perpendiculaire au plan PαP' devra passer par la perpendiculaire SI, S'I menée à ce plan par S, S'. Son plan sera donc l'un des deux plans tangents menés au cône par la droite SI, S'I'; et sa trace horizontale l'une des tangentes menées au cercle de base FD par la trace horizontale I de cette droite.

Le point A intersection des traces horizontales des faces ASC, ASB, devant être, par hypothèse, le sommet de la base horizontale de la pyramide le plus éloigné de la ligne de terre, la tangente ICDA satisfera seule à la question.

L'arête SA intersection des faces ASC, ASB est donc déterminée.

Pour achever la construction de la première de ces faces, il suffira de rabattre son plan, autour de sa trace AI sur le plan horizontal de projection, et de mener sur le rabattement une droite S_2C passant par le sommet S_2 et faisant avec l'arête S_2A un angle $AS_2C = 75°$; la droite SC, S'C' joignant le sommet au point C, C' de rencontre de la droite S_2C et de la trace IA de la face sera la deuxième arête de la face en question.

En opérant de même pour le plan PαP' de la face ASB et faisant un angle $AS_4B = 66°$, on obtiendra la dernière arête SB, S'B' de la pyramide.

Celle-ci se trouvera ainsi complètement déterminée par ses deux projections SABC, S'A'B'C'.

2° Le centre de gravité G, G′ de la pyramide s'obtient en joignant le sommet S, S′ au point de rencontre M, M′ des médianes de la base et prenant le quart MG, M′G′ de cette droite à partir de la base.

Le plan mené par G, G′ perpendiculairement à SG, S′G′ a pour traces QβQ′. Il coupe la base ABC suivant le segment de droite NR, N′R′; la face ASB suivant le segment TU, T′U′ interceptés par les arêtes SA, S′A′; SB, S′B′ sur l'intersection QV, Q′V′ des deux plans PαP′, QβQ′ (cette intersection a été déterminée par sa trace verticale Q′ et le point V, V′ appartenant au plan horizontal auxiliaire H′G′); les faces BSC, B′S′C′; ASC, A′S′C′ sont donc coupées suivant les segments de droites TN, T′N′; UR, U′R′ et l'ensemble de la section déterminée dans la pyramide par le plan QβQ′ est le quadrilatère NRUT, N′R′U′T′; les côtés cachés de ce quadrilatère sont ceux qui appartiennent aux faces cachées des projections, à savoir : en projection horizontale NR, N′R′ appartenant à la base ABC, A′B′C′; en projection verticale TN, T′N′ appartenant à la face BSC, B′S′C′.

FIN.

TABLE DES MATIÈRES

PREMIÈRE LEÇON.

DEUXIÈME LEÇON.

TROISIÈME LEÇON.

QUATRIÈME LEÇON.

PROBLÈMES RELATIFS AU PLAN.

CINQUIÈME LEÇON.

APPLICATIONS.

SIXIÈME LEÇON

APPLICATIONS.

SEPTIÈME LEÇON.

PROBLÈMES.

HUITIÈME LEÇON.

MÉTHODE DES RABATTEMENTS.

NEUVIÈME LEÇON.

APPLICATIONS DE LA MÉTHODE DES RABATTEMENTS.

TREIZIÈME LEÇON.

PLANS TANGENTS A LA SPHÈRE.

QUATORZIEME LEÇON.

PROBLÈMES DIVERS.

QUINZIÈME LEÇON.

ANGLES TRIÈDRES.

EXERCICES.

APPENDICE

A L'USAGE DES CANDIDATS A L'ÉCOLE DE SAINT-CYR.

PREMIÈRE LEÇON.

DEUXIÈME LEÇON.

PLANS TANGENTS AU CYLINDRE ET AU CÔNE.

TROISIÈME LEÇON.

QUATRIÈME LEÇON.

CINQUIÈME LEÇON.

SECTIONS PLANES DES SURFACES.

SIXIÈME LEÇON

BRANCHES INFINIES. — SECTIONS PLANES DES CÔNES ET CYLINDRES DE RÉVOLUTION.

FIN DE LA TABLE DES MATIÈRES

Typographie Lahure, rue de Fleurus, 9, à Paris

BIBLIOTHEQUE NATIONALE DE FRANCE
3 7531 05084861 4

9 782329 417424